"十三五"江苏省高等学校重点教材（本书编号：2018-2-175）

国家级一流本科专业建设支撑教材

应用型本科计算机类专业系列教材

应用型高校计算机学科建设专家委

Web前端开发技术

主　编　章　慧　　胡荣林　　张东东

副主编　陈劲新　　王留洋　　王媛媛

　　　　刘　杰　　高　燕　　王红华

主　审　陈晓兵

南京大学出版社

内容简介

《Web 前端开发技术》教材是淮阴工学院、宿迁学院、盐城师范学院、常熟理工学院与北京华晟经世信息技术有限公司(以下简称华晟经世)合作编撰的课程教材,本书作者系高校和华晟经世的一线讲师,具有多年项目开发经验和授课经验。本书是按照现如今 IT 互联网企业的实际用人的要求,并总结近几年应用型本科高校软件技术专业教学改革经验及华晟经世在 IT 培训行业多年的经验编写而成的。

Web 开发技术是高等学校学生和 IT 职员跨入互联网世界最基础的入门技术,随着"互联网+"模式被广泛应用于各行各业,IT 行业对 Web 前端开发工程师所掌握的知识和能力要求更高了,本教材紧密结合互联网行业发展对 Web 前端开发工程师岗位的技术与能力的需求,以及高等学校培养应用型人才的需要,通过大量动手操作和案例全程记录了 Web 开发制作过程,全书共 9 章,内容充实,案例丰富,实用性强。

Web 前端开发技术这本教材侧重于动手能力的培养,既可用作网页开发教材供高等院校学生使用,也可供有意提高网页开发技能的读者自学。通过本书,读者可迅速掌握网页开发技术,制作符合 Web 标准的网页。

图书在版编目(CIP)数据

Web 前端开发技术 / 章慧,胡荣林,张东东主编. —
南京:南京大学出版社,2020.8(2021.6 重印)
应用型本科计算机类专业系列教材
ISBN 978 - 7 - 305 - 23534 - 4

Ⅰ.①W… Ⅱ.①章… ②胡… ③张… Ⅲ.①网页制
作工具－高等学校－教材 Ⅳ.①TP393.092.2

中国版本图书馆 CIP 数据核字(2020)第 114459 号

出版发行 南京大学出版社
社 址 南京市汉口路 22 号 邮 编 210093
出 版 人 金鑫荣

书 名 **Web 前端开发技术**
主 编 章 慧 胡荣林 张东东
责任编辑 苗庆松 编辑热线 025 - 83592655

照 排 南京开卷文化传媒有限公司
印 刷 南京京新印刷有限公司
开 本 787×1092 1/16 印张 15.75 字数 400 千
版 次 2020 年 8 月第 1 版 2021 年 6 月第 2 次印刷
ISBN 978 - 7 - 305 - 23534 - 4
定 价 43.80 元

网 址:http://www.njupco.com
官方微博:http://weibo.com/njupco
官方微信号:njupress
销售咨询热线:(025)83594756

前　言

《Web 前端开发技术》教材是淮阴工学院、宿迁学院、盐城师范学院、常熟理工学院与北京华晟经世合作编撰的课程教材,本书作者系高校和华晟经世的一线讲师,具有多年项目开发经验和授课经验。本教材由章慧、胡荣林、张东东主编,并负责全书的整体策划与统稿;由陈劲新、王留洋、王媛媛、刘杰、高燕和王红华担任副主编;编写成员有李翔、朱好杰、李芬芬、张海艳、蒋峰、张文巧、王志凤、顾锋和高一程。本教材由陈晓兵担任顾问并主审。

该教材通过一系列案例的贯穿来完整地完成一个有一定技术价值的项目,通过这一系列的项目案例来学习和理解知识的运用过程。通过介绍整个网站中各主要模块的详细制作步骤,将常用的 HTML/CSS/JavaScript 的知识点渗透到每个案例中去,将知识点化零为整。全书注重实际操作,每个案例都是精心设计,使读者在学习技术的同时,掌握 Web 开发和设计的精髓,提高综合应用能力。全书共 9 章,内容充实、案例丰富、实用性强。第一章重点介绍 Web 起源、HTML 基本语法和文档结构等知识;第二章重点介绍 HTML 网页中格式化文本与段落、列表、超链接与框架、图像与多媒体等知识;第三章和第四章介绍 CSS 构成,深入解析 CSS 的语法奥秘;定位一直是 CSS 中的一大难点,在第五章中对定位及定位的几种形式进行了详细介绍;第六章重点介绍了 HTML5 基础与CSS3 应用;第七章重点介绍了 JavaScript;第八章重点介绍了 AJAX 技术与JSON 数据格式;第九章为综合案例实战,将全面讲解从项目分析到代码实现的整个过程。

本书主要特色

● 基础知识的系统化

本书系统地讲解了 HTML/CSS/JavaScript 技术在网页制作中的各种应用知识,从什么是 HTML 开始讲解,循序渐进,直到完整的网站项目的开发制作,详尽且完整。

● 深入解析 HTML＋CSS＋JavaScript 网站开发布局

本书在最后一章中重点介绍了 HTML＋CSS＋JavaScript 布局的方法和技巧,配合企业网站案例布局实战,帮助读者掌握 HTML/CSS/JavaScript 最核心的应用技术。

● 强调动手与实操

本书以解决任务为驱动,做中学,学中做。任务驱动式学习,遵循一般的学习规律,由简到繁、循环往复、融会贯通;加强实践、动手训练,在实操中学习更加直观;融入最新技术应用,结合真实应用场景,解决现实性客户需求。

● 采用图谱梳理知识和技能

本书的章节内容以案例为核心载体,强调知识输入,经过案例的学与练,再到技能输出(拓展训练),每个章节采用图谱方式梳理知识、技能。

● 体现工程认证思想

通过对完整项目实例的解析与实现,提高学生的项目分析能力以及强化对于 HTML5、CSS3、JavaScript 和 AJAX 的综合应用能力。使学生能够设计复杂工程问题的解决方案,并根据解决方案进行工程设计和开发。

● 融入课程思政元素

教材充分融入了习近平新时代中国特色社会主义思想、社会主义核心价值观、家国情怀、社会责任、文化自信等相关思想政治教育元素,将价值塑造、知识传授和能力培养三者融为一体,寓价值观引导于知识传授和能力培养过程中。

编 者
2020 年 5 月

目　录

第一章

HTML 基础

1.1 Web 标准简介及构成

1.1.1 Web 标准简介

不论是界面设计还是代码开发都应遵循一定的标准和规范。Web 标准就是与网页相关的规范和准则。Web 标准不是某一个标准，而是一系列标准的集合。网页主要由三部分组成：结构、样式和行为。对应的标准也分三方面：结构标准语言主要包括 HTML 和 XML，样式标准语言主要包括 CSS，行为标准主要包括 JavaScript，如图 1-1 所示。这些标准大部分是由万维网联盟（W3C）起草和发布的。

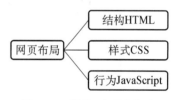

图 1-1　结构、表现和行为

1.1.2 W3C 组织简介

万维网联盟（World Wide Web Consortium，简称 W3C）创建于 1994 年，是 Web 技术领域最具权威和影响力的国际中立性技术标准机构。W3C 已发布的广为业界采用的超文本标记语言（HTML）、层叠样式表（CSS）等，有效促进了 Web 技术的互相兼容，对互联网技术的发展和应用起到了基础性和根本性的支撑作用。

1.1.3 WWW 诞生

风靡世界的互联网环球信息技术 World Wide Web（简称 WWW）的发明源自 20 世纪八十年代。英国人蒂姆·伯纳斯·李（Tim Berners-Lee）于 1989 年成功地开发出世界上第一个 Web 服务器和第一个 Web 客户端软件，把互联网的应用推上了一个崭新的台阶，极大地促进了人类社会的信息化进程。因"发明万维网、第一个浏览器和使万维网得以扩展的基本协议和算法"，蒂姆被授予 2016 年度的图灵奖，如图 1-2 所示。

图 1-2　万维网发明人

1.2 HTML 概述

1.2.1 HTML 简介

HTML 的英文全称是 Hyper Text Markup Language,直译为超文本标记语言。它是全球广域网上描述网页内容和外观的标准。

事实上,HTML 是一种因特网上较常见的网页制作标注性语言,而并不能算作一种程序设计语言,因为它缺少程序设计语言所应有的特征。HTML 通过 IE 等浏览器的解析,将网页中所要呈现的内容、排版展现在用户眼前,浏览器就相当于用户与 HTML 之间的翻译官。

HTML 给我们提供了以下这些功能:发布包含文本、标题、列表、表格和图片等的文档;通过超链接获取线上信息;通过表单实现客户端与服务器端的远程交互。

1.2.2 从 HTML 到 XHTML 的转变

XHTML 是可扩展超文本标记语言。HTML 是一种基本的 Web 网页设计语言,XHTML 是一个基于可扩展标记语言的标记语言,XHTML 就是一个扮演着类似 HTML 的角色的可扩展标记语言(XML)。所以,本质上说,XHTML 是一个过渡技术,结合了部分 XML 的强大功能及大多数 HTML 的简单特性。

2000 年底,国际组织 W3C(万维网联盟)公布发行了 XHTML 1.0 版本。XHTML 1.0 是一种在 HTML 4.0 基础上优化和改进的语言,目前国际上在网站设计中推崇的 Web 标准就是基于 XHTML 的应用(即通常所说的 CSS+DIV)。但 XHTML 的下一个版本并不是 XML,而是目前最被认可和推崇的 HTML 5.0 版本。

1.2.3 Web 发展的未来——HTML5

HTML5 草案的前身名为 Web Applications 1.0,是用于取代 HTML4.0 与 XHTML 的新一代标准版本,所以叫 HTML5。它增加了新的标签和属性,加强了网页的标准、语义化与 Web 表现性能,同时还增加了本地数据库等 Web 应用的功能。

1.3 HTML 文件编写方法

如何使用 HTML 编写网页,需要解决两个问题:什么是网页? 使用什么开发工具来编写网页?

什么是网页? 网页是所有信息的载体,一系列相关的网页构成一个网站。可以说,网站是网页的集合。用 HTML 编写的超文本文档称为 HTML 文档,实际上,一个文档就是一个网页文件,简单来讲,一个 HTML 文件就是一个网页。直接使用 HTML 开发的网页只具备内容展示,而不具备功能(如新闻的更新、在线支付等),我们称这类网页为静态网页。使用 HTML 开发创建的静态网页文件的扩展名一般为.HTML 或.HTM。

使用什么工具来开发网页? HTML 是一个可跨平台的语言,对系统环境没有任何要求,只要是文本编辑器都可以编写 HTML 文档,现在比较流行的文本编辑器有 sublime text3、notepad＋＋等。除此之外，HBuilder 通过完整的语法提示和代码输入法、代码块等成为目前快速提高开发效率的工具之一，深受初学者的喜爱，如图 1‑3 所示。后面的章节会介绍 HBuilder 软件如何使用。

图 1‑3　HTML 常用开发工具

其实，Windows 操作系统中自带的记事本就是一个万能的代码编辑器，使用记事本可以编写任何一门计算机语言，当然 HTML 也不例外。使用记事本创建 HTML 非常简单，下面介绍如何通过记事本工具来创建一个网页。

打开记事本，输入代码，如图 1‑4 所示，点击"文件"菜单下的"另存为"选项，可任意设置一个文件名称，只要确保文件扩展名必须为.html 或者.htm，使用浏览器打开保存好的文件，就可以浏览到网页的显示效果（如图 1‑5 所示）。

图 1‑4　使用记事本制作网页

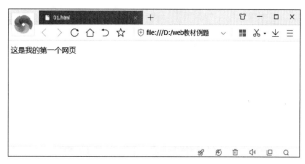

图 1‑5　网页在浏览器中的运行效果

制作网页就是如此简单。如果想进一步修改网页，选择这个网页文件，点击右键，选择使用记事本打开就可以再次编辑它，编辑完成以后，一定要保存。然后再次使用浏览器查看，不需要重复开启浏览器，每次编辑完成后刷新浏览器中的页面即可。

1.4　HTML 基本语法

HTML 是一门基于浏览器解析的标签式语言。HTML 由一个个具有不同含义的标签组成，因此，标签是 HTML 的核心要素。那么到底什么是标签呢？来看下面的案例。

【例 1‑1】　使用记事本新建一个 HTML 文件，输入文本，保存，显示效果如图1‑6所示。

这里，我们输入的内容都是纯文本，利于阅读的格式，下面打开浏览器查看，效果如图 1‑7所示。可以发现在网页中的文字扎堆显示，不利于阅读，没有标题，也没有段落，所有文字一视同仁。

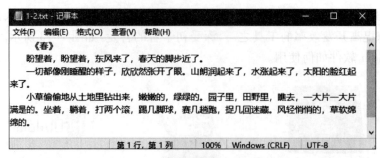

图 1-6　记事本录入内容界面

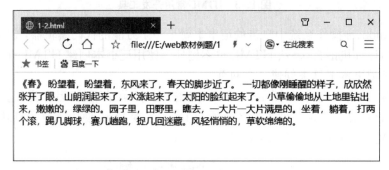

图 1-7　浏览器中的显示效果

这时，如果给文本添加几个 HTML 标签，如下：

```
<h2 style="color:red">《春》</h2>
<p>盼望着,盼望着,东风来了,春天的脚步近了。</p>
<p>一切都像刚睡醒的样子,欣欣然张开了眼。山朗润起来了,水涨起来了,太阳的脸红起来了。</p>
<p>小草偷偷地从土地里钻出来,嫩嫩的,绿绿的。园子里,田野里,瞧去,一大片一大片满是的。坐着,躺着,打两个滚,踢几脚球,赛几趟跑,捉几回迷藏。风轻悄悄的,草软绵绵的。</p>
```

再打开浏览器查看当前页面，显示效果如图 1-8 所示，文章出现了醒目的红色标题以及段落，页面简洁明了。这里<h2></h2>就是 HTML 中的一个标签，用来给文本增加标题的语义，<h2 style="color:red">这里在 h2 标签上添加了 style 属性，style 属性用来控制样式，style 属性值为 color:red，表示字体颜色为红色；<p></p>标签用来给文本增加段落的语义。

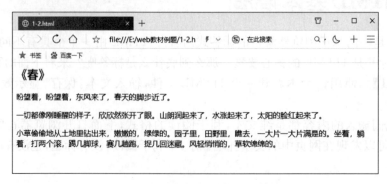

图 1-8　添加标签后的显示效果

（1）什么是标签？

HTML 语言是以标签的形式来规定网页的总体结构，不区分大小写。标签是 HTML 用于描述某个功能的标签，每个标签加上它里面的内容就构成了网页中的一个元素。

- 标签必须使用尖括号

  如：`<p></p>`,`<h1></h1>`,`<br/>`

- 标签分为双标签和单标签两种类型。双标签由"开始标签"和"结束标签"两部分构成，必须成对使用，单标签只有开始标签。

  如：`<p></p>`标签，其中`<p>`是段落的开始标志，`</p>`是段落的结束标志。

- 标签可以相互嵌套，但不能交叉

  如：`<html><body></body></html>`　　（对）

  　　`<html><body></html></body>`　　（错）

（2）什么是标签的属性、属性值？

标签的附加信息称为属性，为属性赋的值称为属性值。

- 属性的声明必须位于开始标签里

  如：`<a href="http://www.baidu.com">百度一下</a>`

- 一个元素可以有多个属性，属性之间用空格分开

  如：`<img src="logo.jpg"　alt="站标"/>`

- 多个属性之间不区分先后顺序

（3）注释语句

HTML 语言中，采用`<!--注释信息-->`来添加注释。

【例 1-2】　给网页添加注释，代码如下所示，页面效果如图 1-9 所示。

```
1.    <!DOCTYPE html>
2.    <html>
3.        <body>
4.            <!--这是一段注释,注释不会在浏览器中显示.-->
5.            <p>注释不显示</p>
6.        </body>
7.    </html>
```

图 1-9　添加注释应用

1.5 ▶ HTML 基本文档结构

为了保证浏览器的兼容性，在编写 HTML 文档时应遵循一定的 Web 标准，编写一个网页首先应从搭建标准的基本的文档结构开始。

（1）HTML 结构

整个 HTML 文档是一个树形结构，由一个根节点标签<HTML>
作为开始，它又分为 head 和 body 两个部分，如图 1 - 10 所示。

HTML 文档基本结构：

图 1 - 10　HTML 结构

```
1.    <html>
2.        <head>
3.            <title></title>
4.        </head>
5.        <body>
6.        </body>
7.    </html>
```

<html>标签用于 HTML 文档的最前面，用来标识 HTML 文档的开始；</html>标签
放在 HTML 文档的最后，用来标识 HTML 文档的结束。

【例 1 - 3】　HTML 标题和主体的简单应用，页面效果如图 1 - 11 所示。

```
1.    <html>
2.        <head>
3.            <title> HTML 结构示例</title>
4.        </head>
5.        <body>
6.            浏览器中显示的内容
7.        </body>
8.    </html>
```

代码中第 3 行是文档标题，显示在
浏览窗口的标题栏上；第 5 - 7 行是主体
标签包含的代码，也是网页要显示的主
要信息。

（2）头部 head

<head>和</head>定义了 HTML 文
档的头部，必须是开始标签与结束标签

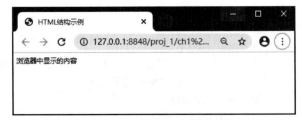

图 1 - 11　HTML 标题和主体的简单应用

成对使用。在此对标签对之间可以使用<title></title>、<meta/>、<script></script>、
<style></style>、<link/>等标签，这些标签都是描述 HTML 文档相关信息的。

● <meta/>

meta 是元信息标签，用来描述一个 HTML 网页文档的属性，这些内容不会显示在网页
上。比如编码方式、网页的摘要、网页的关键字、网页的刷新时间等，其中网页的摘要、关键
字是为了使搜索引擎能对网页内容的主题进行识别和分类。

在网页的<head></head>标签对之间，下面有一段代码：

```
1.    <html>
2.        <head>
3.            <meta charset = "utf - 8">
4.            <meta name = "keywords" content = "HTML, CSS, Javascript" />
```

```
5.        <meta name = "description" content = "HTML 从语义的角度描述页面结构,
              CSS 从审美的角度美化页面,Javascript 从交互的角度提升用户体验" />
6.        <meta http - equiv = "Refresh" content = "10" url = http: //info.cern.ch>
7.        <title>设置 meta 相关功能</title>
8.     </head>
9.     <body>
10.    </body>
11.  </html>
```

代码中第 3 行 charset 属性用来设定网页字符集,采用国际编码 utf-8。需要注意:当源文件保存时编码与源文件声明 <meta charset="编码方式">不一致,就会出现乱码问题。

代码中第 4 行 name 属性用来告诉搜索引擎站点的主要内容,格式为<meta name="keywords" content="关键词"/>。

代码中第 5 行 name 属性用来设定站点在搜索引擎上的描述,格式为<meta name="description" content ="网页的描述信息"/>。

代码中第 6 行 http-equiv 属性用来设定网页自动跳转,当前网页等待 10 秒后,自动跳转到指定网页 http://info.cern.ch,如果没有指定网页,则经过设定的时间后自动刷新页面内容。

● <title></title>

<title></title>标签的作用是设置网页的"标题",浏览器窗口标题栏部分显示的文本信息,它就是网页的标题。

代码中第 7 行用来标签网页的标题。

(3) <body></body>

<body></body>定义 HTML 文档的主体部分,是双标签。在<body></body>之间放置要显示的内容(文本、图像、表格等)和其他用于控制内容显示方式的标签,如<p></p>、<h1></h1>、
和<hr/>等,这些内容将会在浏览器的窗口内显示出来。

1.6 HTML 文档类型

Web 世界中存在许多不同的文档,只有了解文档的类型,浏览器才能正确地显示文档。HTML 也有多个不同的版本,只有完全明白页面中使用的确切 HTML 版本,浏览器才能完全正确地显示出 HTML 页面。

<! DOCTYPE>不是 HTML 标签,而是一行代码或者说一条命令,它为浏览器提供一项信息(声明),即浏览器关于页面是使用哪个 HTML 版本进行编写的。

所有浏览器都支持 <! DOCTYPE>声明,主流的浏览器有 Chrome,Firefox,IE 等,如图 1-12 所示。

```
1.  <!DOCTYPE html>
2.  <html>
3.    <head><title></title></head>
4.    <body></body>
5.  </html>
```

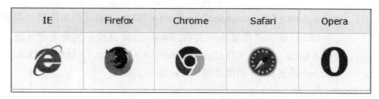

图 1 - 12 常用浏览器

代码中第 1 行表示当前文档是符合 HTML5 标准的一个文档，<! DOCTYPE>声明必须是 HTML 文档的第一行，位于 <html>标签之前，便于浏览器确定渲染模式。

<! DOCTYPE HTML PUBLIC "-//W3C//DTD HTML 4.01//EN"

"http://www.w3.org/TR/html4/strict.dtd">

代码中第 1 行表示当前文档是符合 HTML 4.01 标准的一个文档，HTML 4.01 规定了三种 DTD 类型：严格型（Strict）、过渡型（Transitional）以及框架型（Frameset）。

1.7 实例：使用 HBuilderX 创建基本网页

使用记事本编辑网页时，由于代码颜色都相同不容易区分纯文本和标签。出现编写错误时，也不容易查找，而且每次新建一个网页都要去设置基本文档结构，比较麻烦。因此可以利用非常容易上手的 HBuilderX 软件来编写网页。

（1）依次点击文件→新建→项目，弹出对话框，如图 1 - 13 所示。输入新建项目的名称，输入或选择项目保存路径，选择可使用的模板。

图 1 - 13 HBuilderX 新建项目对话框

（2）右击项目名称，点击新建→HTML 文件，输入新建文件的名称，输入或选择文件保存路径，并选择默认文件模板。

（3）创建完成，自动生成基本的 HTML 文档模板，如图 1 - 14 所示，可以直接编写网页。

（4）参照给定的 HTML 代码，利用 HBuilderX 软件设计 Web 网页，效果如图 1 - 15 所示。

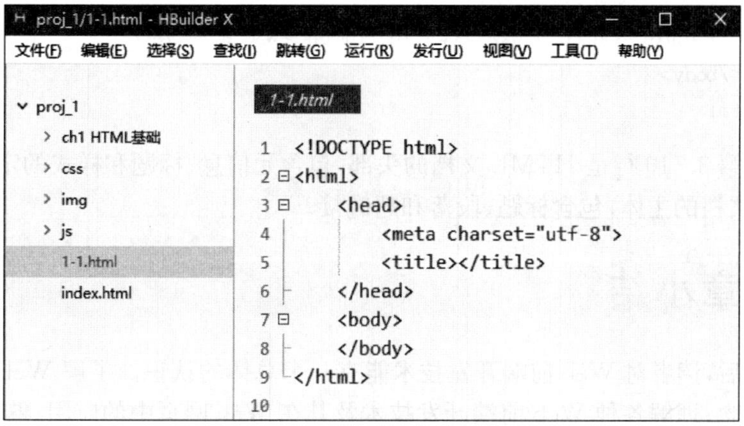

图 1-14　HTML 文档模板

图 1-15　综合实例应用

```
1.    <!DOCTYPE html>
2.    <html>
3.       <head>
4.          <meta charset = "utf-8">
5.          <title> Web 开发技术</title>
6.          <style type = "text /css">
7.             p{font-size:20px;color:red; }
8.             h3{font-size:24px;font-weight:bolder;color:#000099;}
9.          </style>
10.      </head>
11.      <body>
12.          <h3> Web 开发技术</h3>
13.          <p> HTML </p>
14.          <p> CSS </p>
15.          <p> JavaScript </p>
```

```
16.        <h3>网络学习资源</h3>
17.        <a href = "http://www.w3school.com.cn"> W3C 教程</a>
18.     </body>
19.   </html>
```

上述代码第 3-10 行是 HTML 文档的头部，包含元信息、标题和样式的定义；第 11-18 行是 HTML 文档的主体，包含标题、段落和超链接。

1.8 本章小结

学完本章后，读者对 Web 前端开发技术能有一个总体的认识。了解 Web 发展历史；掌握网站相关概念；理解各种 Web 前端开发技术及其在 Web 网页中的应用；熟悉各种常用的 Web 前端开发工具、浏览器工具，并学会主流开发工具的使用。

本章知识点如图 1-16 所示。

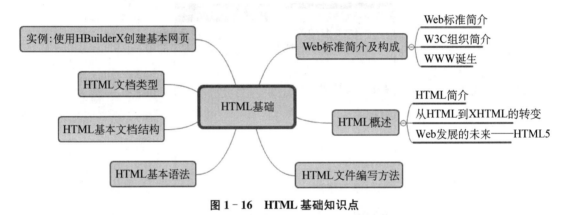

图 1-16   HTML 基础知识点

1.9 拓展训练

（1）以下说法错误的是（   ）。

　　A. HTML 与 CSS 配合使用，是为了内容与样式分离。

　　B. 如果只使用 HTML 而不使用 CSS，网页是不可能有样式的。

　　C. JavaScript 可以嵌入在 HTML 语言中，作为网页源文件的一部分存在。

　　D. CSS 表示层叠样式表，可以添加页面的样式，规定网页的布局。

（2）Web 标准的制定者是（   ）。

　　A. 微软　　　　　　　　　　　　　　　B. 万维网联盟（W3C）

　　C. 网景公司（Netscape）　　　　　　　D. SUN 公司

（3）Web 的发明者是（   ）。

　　A. 冯·诺依曼　　　　　　　　　　　　B. 乔布斯

　　C. 比尔·盖茨　　　　　　　　　　　　D. 蒂姆·伯纳斯·李

（4）世界上第一个网页是（   ）。

　　A. http://www.w3c.org　　　　　　　　B. http://info.cern.ch

　C. http：//www.microsoft.com　　　　　D. http：//www.baidu.com

(5) 网页是由 HTML 语言来实现的，HTML 语言是(　　　)。

　A. 大型数据库

　B. 网页源文件中出现的唯一一种语言

　C. 网络通信协议

　D. 超文本标记语言

(6) 以下关于 HTML 标签叙述错误的是(　　　)。

　A. 可以单独出现，也可以成对出现

　B. 必须正确嵌套

　C. 标签可以带有属性，属性的顺序无关

　D. 标签和其属性构成了 HTML 元素

(7) 正确表达页面注释格式的是(　　　)。

　A. <！--注释信息 -->　　　　　　　B. <--注释信息 -->

　C. <！--注释信息>　　　　　　　　D. <！ comment>

(8) 以下不属于 meta 元信息标签的属性是(　　　)。

　A. name　　　　　　　　　　　　B. color

　C. content　　　　　　　　　　　D. http-equiv

(9) <！DOCTYPE>元素的作用(　　　)。

　A. 用来定义文档类型

　B. 用来声明命名空间

　C. 用来向搜索引擎声明网站关键字

　D. 用来向搜索引擎声明网站作者

(10) 以下关于浏览器的描述错误的是(　　　)。

　A. 主流的浏览器有 Chrome，Firefox，IE 等。

　B. 不同浏览器厂商的浏览器，一定有不同的内核。

　C. 不同版本的浏览器差别可能很大，对 Web 技术的支持度也会不同。

　D. Chrome 浏览器可以在进行 Web 前端开发时，用于调试和测试。

【微信扫码】

本章参考答案 & 相关资源

第二章

HTML 标签

2.1 常用文本格式化标签

文本是网页中最常见也是最主要的内容,一篇博客、一则新闻都是主要以文本为主。而一篇文章通常包含标题、段落、正文等,HTML 提供了一系列文本控制的标签。

2.1.1 标题标签

标题标签是通过<h1></h1>……<h6></h6>共六对标签进行定义的。<h1></h1>定义最大的标题,而<h6></h6>定义最小的标题,即标签中 h 后面的数字越大标题文本就越小。

标题标签的对齐属性 align。它用来说明标题的对齐方式。align 的属性值包括 left(左对齐)、center(居中对齐)、right(右对齐),用户可以根据自己的需求进行相应设置。

【例 2 - 1】 输入以下代码,效果如图 2 - 1 所示。

```
1.   <!DOCTYPE html>
2.   <html>
3.       <head>
4.           <meta charset = "utf - 8">
5.           <title></title>
6.       </head>
7.       <body>
8.           <h1 align = "center">我是一级标题!居中对齐</h1>
9.           <h2>我是二级标题!默认居左对齐</h2>
10.          <h3 align = "right">我是三级标题!居右对齐</h3>
11.          <h4>我是四级标题!</h4>
12.          <h5>我是五级标题!</h5>
13.          <h6>我是六级标题!</h6>
14.      </body>
15.  </html>
```

图 2 - 1　标题标签

代码中第 8 行 h1 用作主要标题,其后是 h2,再其次是 h3,以此类推。因为搜索引擎使用标题为网页的结构和内容编制索引,同时用户可以通过标题标签来快速浏览网页,所以用标题来呈现文档结构非常重要。

2.1.2　段落标签

所谓段落,就是一段格式上统一的文本。段落标签由<p></p>定义。段落标签和标题一样,也具有 align 属性,可以设置文本的对齐方式。

【例 2 - 2】　输入以下代码,效果如图 2 - 2 所示。

```
1.    <!DOCTYPE html>
2.    <html>
3.      <head>
4.          <meta charset = "utf - 8">
5.          <title></title>
6.      </head>
7.      <body>
8.          <h1 align = "center">万维网联盟</h1>
9.          <p>万维网联盟,又称 W3C 理事会。1994 年 10 月在麻省理工学院计算机科学实验室成
       立。建立者是万维网的发明者蒂姆·伯纳斯·李。</p>
10.          <p> W3C 最重要的工作是发展 Web 规范(称为推荐,Recommendations),这些规范描述了
       Web 的通信协议(比如 HTML 和 XHTML)和其他的构建模块。</p>
11.          <p>每项 W3C 推荐的发展是通过由会员和受邀专家组成的工作组来完成的。工作组的
       经费来自公司和其他组织,并会创建一个工作草案,最后是一份提议推荐。一般来说,为了获
       得正式的批准,推荐都会被提交给 W3C 会员和主任。</p>
12.      </body>
13.    </html>
```

代码中第 9 - 11 行分别插入段落标签,段落与段落之间默认会自动插入一个空行(段间距)。

图 2-2　段落样式

2.1.3　换行和水平线标签

　　段落与段落之间默认会自动插入一个空行,导致文字的行间距过大,这时可以使用换行标签
来完成文字的紧凑换行显示。如果需要多个换行可以连续使用多个
标签。

　　<hr/>标记是单标记,在 HTML 文档中加入一条水平线,可以使文档结构清晰明了,使文字的排版可以更整齐。通过<hr/>的属性,可以控制水平线的样式,常用的属性如表 2-1 所示。

表 2-1　<hr/>标记的常用属性

属性	属性说明
size	设置水平线的高度
width	设定水平线的宽度,默认单位是像素,也可以使用百分比单位
align	设置水平线的对齐方式

【例 2-3】　输入以下代码,效果如图 2-3 所示。

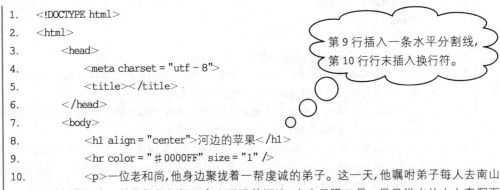

```
1.   <!DOCTYPE html>
2.   <html>
3.       <head>
4.           <meta charset = "utf-8">
5.           <title></title>
6.       </head>
7.       <body>
8.           <h1 align = "center">河边的苹果</h1>
9.           <hr color = "#0000FF" size = "1" />
10.          <p>一位老和尚,他身边聚拢着一帮虔诚的弟子。这一天,他嘱咐弟子每人去南山
     打一担柴回来。弟子们匆匆行至离山不远的河边,人人目瞪口呆。只见洪水从山上奔泻而
     下,无论如何也休想渡河打柴了。无功而返,弟子们都有些垂头丧气。唯独一个小和尚与师
     傅坦然相对。师傅问其故,小和尚从怀中掏出一个苹果,递给师傅说,过不了河,打不了柴,见
     河边有棵苹果树,我就顺手把树上唯一的一个苹果摘来了。后来,这位小和尚成了师傅的衣
     钵传人。<br />
```

（气泡内文字：第 9 行插入一条水平分割线,第 10 行行末插入换行符。）

11.　　　　世上有走不完的路,也有过不了的河。过不了的河掉头而回,也是一种智慧。但真正的
　　　　智慧还要在河边做一件事情:放飞思想的风筝,摘下一个"苹果"。历览古今,抱定这样一种生
　　　　活信念的人,最终都实现了人生的突围和超越。　</p>
12.　　　</body>
13.　</html>

图 2 - 3　换行和插入水平分割线

2.1.4　预格式标签

如果希望在浏览器中显示的内容保留原始的排版格式,则可以用预格式化标记<pre></pre>格式化文本,该标记中的文本内容将按原格式显示,保留所有空格、换行和定位符等。

【例 2 - 4】　输入以下代码,效果如图 2 - 4 所示。

```
1.   <!DOCTYPE html>
2.   <html>
3.     <head>
4.       <meta charset = "utf - 8">
5.       <title></title>
6.     </head>
7.     <body>
8.       <p>Pre 标签很适合显示计算机代码:</p>
9.       <pre>
10.          for i = 1 to 10
11.              print i
12.          next i
13.       </pre>
14.     </body>
15.   </html>
```

> 第 9 - 13 行对文字段落进行预格式化

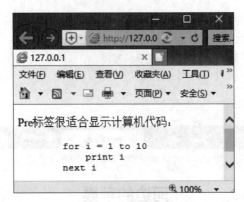

图 2-4　预格式化

2.1.5　文本控制标签和常用特殊符号

HTML 可定义很多文本格式化输出的元素，比如粗体和斜体字，这些标签的定义都非常简单，它们的作用见表 2-2。

表 2-2　常用文本修饰标签

标签名	作　用
<font></font>	文字标签
<strong></strong>	设置粗体，与<b></b>效果相同
<em></em>	设置斜体，与<i></i>效果相同
<u></u>	设置下划线
<sup></sup>	设置为上标
<sub></sub>	设置为下标
<s></s>	设置删除线

font 标签用来改变默认的字体、颜色、大小等属性，这些更改分别通过不同的属性定义完成，基本语法：<font　face="" size="" color=""></font>，常用属性取值和说明见表 2-3。

表 2-3　font 标记常用属性

属　性	取　值	说　明
size	1-7	数字越大，字号越大。
color	rgb(r,g,b) #rrggbb 颜色英文名称	规定文本的颜色，可以使用 rgb 函数、十六进制数、颜色英文名称来表达。
face	字体 1,…,字体 n	face 属性可以用逗号分隔多个值，从左向右依次选用，只要前面的字体不存在，则使用后一个字体。若都不存在，使用默认字体。

【例 2-5】　输入以下代码，效果如图 2-5 所示。

```
1.  <!DOCTYPE html>
2.  <html>
```

```
3.        <head>
4.            <meta charset = "utf - 8">
5.            <title></title>
6.        </head>
7.        <body>
8.            <font face = "黑体" size = "3" color = "red">
9.                显示为 3 号黑体红色的文字
10.           </font>
11.       </body>
12.   </html>
```

图 2 - 5　font 标记

在页面设计中,经常会使用一些特殊的字体效果,在 HTML 中可以通过...或...、<i>...</i>或...、<u>...</u>等标记实现。

【例 2 - 6】 输入以下代码,效果如图 2 - 6 所示。

```
1.    <!DOCTYPE html>
2.    <html>
3.        <head>
4.            <meta charset = "utf - 8">
5.            <title></title>
6.        </head>
7.        <body>
8.            <b><i><u><font color = "red" size = "4">
9.                红色 4 号字粗体倾斜加下划线显示的文本
10.           </font></u></i></b>
11.       </body>
12.   </html>
```

图 2 - 6　特定文字样式标签

除了 HTML 格式化标签,有时还需要在网页上输出一些特殊的符号,如小于号"<",大于号">"等,特殊符号在 HTML 中一般由"&"符号开始,分号";"结束。

下面列出几个常用符号在 HTML 中的表示方法:

- 空格符
- 小于号 <
- 大于号 >
- 版权符号 ©
- 注册符号 ®

2.1.6 实例:新闻详情页

【例 2 - 7】 使用常用文本格式化标签,代码如下,效果如图 2 - 7 所示。

```
1.   <!DOCTYPE html>
2.   <html>
3.     <head>
4.       <meta charset = "utf - 8">
5.       <title>新闻</title>
6.     </head>
7.     <body>
8.       <h2 align = "center">世卫组织:新冠肺炎疫苗研制仍需 12 至 18 个月</h2>
9.       <p align = "center"><font color = "gray" size = "1"> 2020 - 03 - 28 05:29:51 来源:
      新华网</font></p>
10.      <hr />
11.      <p>新华社日内瓦 3 月 27 日电(记者刘曲)世界卫生组织总干事谭德塞 27 日表示,新冠
      肺炎疫苗研制至少还需要 12 至 18 个月,所有个人和国家不要使用未经证明有效的治疗方
      法。</p>
12.      <p>谭德塞在例行记者会上说,相关研发工作是疫情防控国际合作最重要的领域之一,
      而新冠肺炎疫苗的研制至少还需要 12 至 18 个月。与此同时,全球正在推进新冠肺炎疗法的
      临床试验。他说,挪威和西班牙的首批患者将很快被纳入世卫组织"团结试验",该试验将比
      较 4 种不同药物或药物组合治疗新冠肺炎的安全性和有效性。</p>
13.      <p>谭德塞表示,"团结试验"是一项具有历史意义的试验,它将大大缩短生成与药物作
      用相关的有力证据所需的时间。超过 45 个国家将参与这项试验,更多国家表示有兴趣加入。
      "参加试验的国家越多,我们取得成果的速度就越快。"</p>
14.      <p align = "right"><font color = "gray" size = "1">责任编辑: 肖寒 /font></p>
15.      <hr />
16.    </body>
17.  </html>
```

步骤如下:

- 设置网页的标题<title>新闻</title>。
- 输入标题<h2 align="center">世卫组织:新冠肺炎疫苗研制仍需 12 至 18 个月</h2>。
- 输入副标题和水平线,由于<font></font>无法设置居中,采用了<p></p>与之嵌套。
- 输入段落和水平线。

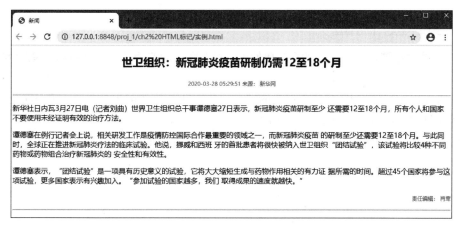

图 2－7　新闻页面

2.2　图像与多媒体

　　网页中只有文字未免太枯燥。图片是网页上必不可少的元素之一,有了图片网页才更加丰富多彩,美观的图像会为网站增添活力,同时也可加深用户对网站的印象。在网页中适当地插入音频、视频等各种多媒体元素,可以使网页变得绚丽多彩、功能全面,能够增加网页的访问量。

　　如何在网页中插入图片呢? 在解决这个问题之前,先来了解一下网页中常用的图片格式。

2.2.1　图片的基本格式

　　网页中常用的图片格式主要有三种:GIF 格式,JPEG 格式和 PNG 格式。

　　(1) GIF 图像格式

　　GIF 的扩展名是.gif。它在压缩过程中,图像的像素资料不会被丢失,丢失的是图像的色彩。GIF 格式最多只能储存 256 色,所以通常用来显示简单图形及字体。有一些数码相机会有一种名为 Text Mode 的拍摄模式,就可以储存成 GIF 格式。

　　GIF 可以包含透明区域和多帧动画。因此 GIF 通常适用于卡通、图形、logo、带有透明区域的图形、动画等。

　　(2) JPEG 图像格式

　　JPEG 的扩展名是.jpg 或.jpeg,其全称为 Joint Photographic Experts Group。它利用一种失真式的图像压缩方式将图像压缩在很小的储存空间中,其压缩比率通常在 10:1～40:1之间。这样可以使图像占用较小的空间,所以很适合应用在网页中。JPEG 格式的图像主要压缩的是高频信息,对色彩的信息保留较好,因此也普遍应用于需要连续色调的图像中,如广告 banner 图、照片、产品图片等。

　　(3) PNG 图像格式

　　PNG(Portable Network Graphics)的原名称为"可移植性网络图像"。PNG 能够提供长度比 GIF 小 30% 的无损压缩图像文件。它同时提供 24 位和 48 位真彩色图像支持以及其他诸多技术性支持。

2.2.2 插入图片标签

插入图像的标签:<img/>,它的众多属性可以控制图像的路径、尺寸和替换文字等各种功能。

（1）图像源文件属性 src

src 属性用于指定图像源文件所在的路径,它是图像必不可少的属性,使用时有相对路径和绝对路径之分,基本语法:<img src=""/>。

【例 2-8】 插入图片,代码如下所示,效果如图 2-8 所示。

```
1.    <!DOCTYPE html>
2.    <html>
3.        <head>
4.            <meta charset = "utf - 8">
5.            <title></title>
6.        </head>
7.        <body>
8.            <h2>一张漂亮的图片</h2>
9.            <img src = "..\img\xrk.png" />
10.       </body>
11.   </html>
```

图 2-8 插入图像

（2）图像的宽度和高度属性:width、height

width 和 height 属性用来定义图片的宽度和高度,单位可以是像素,也可以是百分比。基本语法:<img src="" width="" height=""/>。

【例 2-9】 设置图片的高度和宽度,代码如下所示,效果如图 2-9 所示。

```
1.    <!DOCTYPE html>
2.    <html>
3.        <head>
4.            <meta charset = "utf - 8">
5.            <title></title>
6.        </head>
7.        <body>
8.            <h2>一张漂亮的图片</h2>
9.            <img src = "..\img\xrk.png" width = "300"  height = "200" />
```

```
10.        </body>
11.    </html>
```

图 2-9 设置图像的高度和宽度

(3) 图像的提示文字 alt

提示文字的作用是如果图像没有下载完成或不能正常显示时,在图像的位置上会显示提示文字,基本语法:<img src="" alt=""/>。

(4) 图像的边框 border

默认情况下,图像是没有边框的,通过 border 属性可以为图像添加边框。边框线的宽度,用数字表示,单位为像素,基本语法:<img src="" border=""/>。

【例 2-10】 设置图像的边框为 5,代码如下所示,效果如图 2-10 所示。

```
1.    <!DOCTYPE html>
2.    <html>
3.        <head>
4.            <meta charset = "utf-8">
5.            <title></title>
6.        </head>
7.        <body>
8.            <h2>一张漂亮的图片</h2>
9.            <img src = "..\img\xrk.png" width = "300"  height = "200"  border = "5" />
10.        </body>
11.    </html>
```

图 2-10 设置图像的边框

2.2.3　滚动文本标记

滚动文本标记<marquee></marquee>能使其中的文本或图像在浏览器中不断滚动显示,实现一种动态的视觉效果,可以突出页面中想要强调的内容,基本语法:<marquee direction="" behavior="" scrollamount=""　scrolldelay="" loop=""></marquee>,常用属性取值及其说明如下:

● direction 属性用于控制滚动的方向,可以上下滚动或左右滚动,对应的取值为 up、down、left 和 right。

● behavior 属性用于控制滚动的方式,设置为"alternate"表示来回滚动,即当元素从一边滚动到另外一边即反向滚动;设置为 scroll 表示循环滚动,即到达另一边后回到原位重新滚动;设置为 slide 表示滚动到目的地就停止。默认情况下按照 scroll 方式连续滚动。

● loop 属性设置滚动的次数,属性值用正整数表示,若设置 loop 值为－1 表示不断滚动,默认为无限次数。

● scrollamount 属性设置滚动的速度,值为正整数,数值越大表示速度越快。

● scrolldelay 属性设置两次滚动之间的间隔时间,以毫秒为单位,时间越短滚动越快,默认值为 0。

【例 2-11】　在 body 中插入以下代码,实现文本在浏览器中滚动的效果,当鼠标停留在文本上即停止滚动,鼠标移开文本继续滚动,显示效果如图 2-11 所示。

图 2-11　设置滚动文字

```
1.    <!DOCTYPE html>
2.    <html>
3.       <head>
4.          <meta charset = "utf-8">
5.          <title></title>
6.       </head>
7.       <body>
8.          <marquee direction = "right" behavior = "scroll" scrollamount = "5" scroll
      delay = "4" loop = "-1" align = "middle" onmouseover = "this.stop()" onmouseout =
      "this.start()">
9.             如果青春有模样,那最美的模样,当是勇于担当、奋力向前的姿态!
10.          </marquee>
```

```
11.        </body>
12.    </html>
```

代码中 marquee 标记中设置 onmouseover＝"this.stop()"属性值,其作用是当光标移动到滚动文字区域时,滚动内容将暂停滚动;设置 onmouseout＝"this.start()"属性值的作用是当鼠标移出滚动文字区域时,滚动内容将继续滚动。

2.2.4　插入多媒体元素

<embed></embed>是用来插入各种媒体内容的另一个重要标签,它不但可以插入各种音频文件,还可以插入多种视频文件以及 flash 动画。<embed>标记语法:<embed src=""
autostart="" loop="" hidden=""><embed/>。常用属性取值及其说明如下:

- src 属性用于指定音频、视频等多媒体文件及其路径,可以是相对路径或绝对路径。
- autostart 属性用于控制多媒体内容是否自动播放,取值为"true"表示文件在下载完成后自动播放,取值为"false"表示文件在下载完成后不自动播放。默认为自动播放。
- loop 属性用于控制多媒体内容是否循环播放,取值可以为正整数、true 和 false。设为 true 表示无限循环播放音频或视频文件;设为 false 表示不循环播放;若设置为正整数则文件循环播放次数为该正整数数值。
- hidden 属性用于设置播放界面的显示和隐藏,取值为"true"代表隐藏面板,取值为"no"表示显示面板,默认值为"no"。

【例 2-12】　在 body 中插入 flash 动画,代码如下,效果如图 2-12 所示。

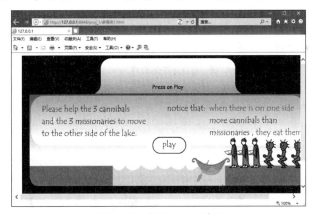

图 2-12　插入 flash 动画

```
1.    <!DOCTYPE html>
2.    <html>
3.        <head>
4.            <meta charset = "utf-8" />
5.            <title></title>
6.        </head>
7.        <body>
8.            <embed src = "./img/过河游戏.swf" width = "1000" height = "1000"></embed>
9.        </body>
10.   </html>
```

第 8 行代码使用<embed>标记嵌入 flash 文件,并设置了播放界面的宽度和高度。

2.3　列表

列表是网页中用于组织一系列内容的有利容器,在 HTML 中提供了三种列表形式,分别是无序列表、有序列表和定义列表。

2.3.1　无序列表标签

无序列表是一个没有特定顺序的列表项的集合,也称为项目列表。在无序列表中,各个列表之间属于并列关系,没有先后顺序之分,网页中的新闻列表、文章列表、甚至导航栏都可以使用无序列表来搭建结构。

无序列表使用标签<ul>定义,列表项使用标签<li>,每个<ul>中可以包含多个列表项<li>。

【例 2-13】　在 body 中插入无序列表结构,代码如下,效果如图 2-13 所示。

```
1.    <!DOCTYPE html>
2.    <html>
3.        <head>
4.            <meta charset = "utf-8">
5.            <title></title>
6.        </head>
7.    <body>
8.            <h4>  社会主义核心价值观:</h4>
9.            <ul>
10.               <li>富强、民主、文明、和谐</li>
11.               <li>自由、平等、公正、法治</li>
12.               <li>爱国、敬业、诚信、友善</li>
13.            </ul>
14.    </body>
15.    </html>
```

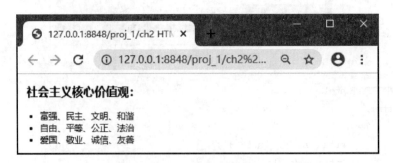

图 2-13　无序列表

代码中第 9-13 行定义了无序列表,默认列表符号是实心圆形,通过设置 type 属性,还可以实现空心圆形、实心正方形的显示风格。

2.3.2　有序列表标签

有序列表使用标签<ol>定义,列表项使用标签<li>定义,与无序列表的结构类似。有序列表用于结构化具有顺序关系的列表,如网页中常见的文章排行、歌曲排行等。

【例2-14】　在 body 中插入有序列表结构,代码如下,效果如图2-14所示。

```
1.   <!DOCTYPE html>
2.   <html>
3.       <head>
4.           <meta charset = "utf-8">
5.           <title></title>
6.       </head>
7.       <body>
8.           <body>
9.               <h2>  中国梦核心内容:</h2>
10.              <ol>
11.                  <li>国家富强</li>
12.                  <li>民族振兴</li>
13.                  <li>人民幸福</li>
14.              </ol>
15.          </body>
16.      </body>
17.  </html>
```

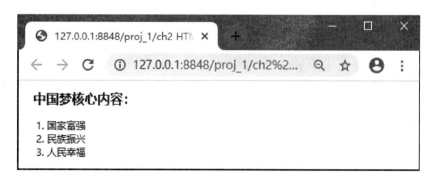

图 2-14　有序列表

代码中第10-14行定义了有序列表,默认列表项前面编号为数字列表,通过设置 type 属性,可以实现大小写字母编号、大小写罗马字母编号等。

2.3.3　定义列表标签

<dl></dl>用来创建一个定义列表,它包含两个子结构:<dt></dt>用来创建列表中的定义项,<dd></dd>用来创建列表中定义项的描述信息。<dl>定义列表与无序、有序列表不同,它本身不带有项目符号。

【例 2-15】 在 body 中插入定义列表结构,代码如下,效果如图 2-15 所示。

```
1.   <!DOCTYPE html>
2.   <html>
3.       <head>
4.           <meta charset = "utf-8">
5.           <title></title>
6.       </head>
7.       <body>
8.           <h4>Web 标准中结构、表现和行为:</h4>
9.           <dl>
10.              <dt>HTML</dt>
11.                  <dd>从语义的角度,描述页面结构</dd>
12.              <dt>CSS</dt>
13.                  <dd>从审美的角度,美化页面</dd>
14.              <dt>JavaScript</dt>
15.                  <dd>从交互的角度,提升用户体验</dd>
16.          </dl>
17.      </body>
18.  </html>
```

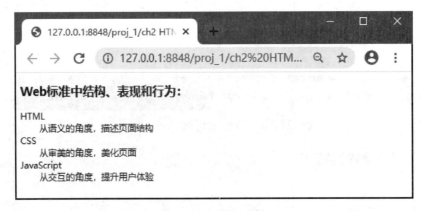

图 2-15　定义列表

代码中第 9-16 行定义了定义列表,第 10、12、14 行定义了列表中的标题,第 11、13、15 行定义了列表中的标题的描述。

2.3.4　列表的嵌套

在网页中,我们常常会应用到一些二级甚至多级菜单,使用列表的嵌套可以实现多级菜单的效果。列表在嵌套时要注意,子列表应包含到<li>。

【例 2-16】 在 body 中插入列表的混合嵌套结构,代码如下,效果如图 2-16 所示。

```
1.   <!DOCTYPE html>
2.   <html>
```

```
3.      <head>
4.          <meta charset = "utf - 8">
5.          <title></title>
6.      </head>
7.      <body>
8.          <ol>
9.              <li> Web 前端开发工具
10.                 <ul type = "disc">
11.                     <li> HBuilder </li>
12.                     <li> Sublime Text </li>
13.                     <li> Webstorm </li>
14.                     <li> EditPlus </li>
15.                 </ul>
16.             <li>浏览器工具
17.                 <ul>
18.                     <li> Internet Explorer </li>
19.                     <li> Google Chrome </li>
20.                     <li> Mozilla Firefox </li>
21.                     <li type = "square"> Safari </li>
22.                     <li> Opera </li>
23.                 </ul>
24.             </li>
25.         </ol>
26.     </body>
27. </html>
```

图 2 - 16　列表的混合嵌套

代码中第 8 - 25 行定义了一个有序列表;第 10 - 15 行在有序列表中嵌套了一个无序列表,其中第 10 行设置了列表项的 type 属性为"disc";第 17 - 23 行又在有序列表中嵌套了一个无序列表,其中第 21 行设置了列表项的 type 属性为"square",所以此项之前为实心正方形。

2.4 超链接与浮动框架

2.4.1 超链接的概念

超链接是指从一个网页指向一个目标的链接关系,这个目标可以是网页、图片、文件等。

超链接是一个网站的灵魂,是网站页面中最重要的元素之一。一个网站是由多个页面组成的,页面之间依据链接确定相互的导航关系。大多数的网站都是由多个链接构成,如图 2-17 所示。

图 2-17 超链接应用

单击中国教育和科研计算机网首页链接文字后,就可以跳转到下一个页面上。网站中的众多网页就是靠超链接有组织有顺序地链接成一个整体。

HTML 中用于创建链接的标签是<a></a>,常用属性如下:

- href:指定链接地址,即链接文件的路径;
- name:给链接命名;
- target:用于指定目标文件的打开方式。语法结构:<a href="链接的路径" target="目标窗口或指定值">链接的文本</a>。target 属性值可以是_blank、_self。_self 在原窗口中打开,为默认值。_blank 在新窗口打开。

【例 2-17】 在 body 中插入超链接,代码如下所示,效果如图 2-18 所示。

```
1.   <!DOCTYPE html>
2.   <html>
3.       <head>
4.           <meta charset = "utf-8">
5.           <title></title>
6.       </head>
7.       <body>
8.           <a href = "http://www.baidu.com">百度一下</a>
9.           <a href = "http://www.baidu.com"><img src = "../img/1.jpg" /></a>
10.      </body>
11.  </html>
```

代码中第 8 行给文本添加链接,超链接在 IE 浏览器中,默认为蓝色文本,带下划线;第 9 行给图片添加了链接。

图 2-18　超链接

2.4.2　路径

计算机中路径是指一个文件或文件夹所在的位置,路径分为绝对路径和相对路径。

(1) 什么是绝对路径

能够完整地描述文件位置的路径就是绝对路径。

例如"D:/Web 教材例题/img/photo.jpg"表示 photo.jpg 文件位于 D 盘 Web 教材例题目录下的 img 子目录中。

(2) 什么是相对路径

相对路径就是 HTML 文件本身相对于目标的位置。

例如,有一个页面 index.htm,在这个页面中链接有一张图片 photo.jpg,绝对路径如下:

● c:/Website/index.htm

● c:/Website/img/photo.jpg

从这两个路径中我们可以看出,index.htm 与图片在同一个盘符(C 盘)的同一个文件夹(Website)中,在这种情况下 index.htm 想要链接到 photo.jpg,使用相对路径只需要描述从 index 到这张图片所经过的路径即可,那么正确的相对路径写法是:img/photo.jpg。

另外我们使用"../"来表示上一级目录,"../../"表示上上级的目录,以此类推。再看一个例子:

● c:/Website/Web/index.htm

● c:/Website/img/photo.jpg

在此例中 index.htm 中链接的 photo.jpg 应该怎样表示呢? 在此例中,index.html 想要找到目标链接对象 photo.jpg 就必须先返回上一级目录(Website),然后再进入 img 文件夹,正确的表达方式是:../img/photo.jpg。

注意:相对路径使用"/"字符作为目录的分隔字符,而绝对路径可以使用"\"或"/"字符作为目录的分隔字符。在网页中尽量使用相对路径而不用绝对路径;相对路径要求链接文件和目标文件必须在同一个盘符中。

2.4.3　锚点链接

当网页内容较长(例如百度百科页面),为了方便浏览者阅读,需要进行页内跳转链接时,就需要定义锚点和锚点链接。

　　锚点链接的建立有两个部分,首先在需要链接的目的地即锚的终点部分使用<a>标记的 name 属性或 id 属性设置锚的名称,然后是在锚点的起始使用<a>标记的 href 属性设置所链接的锚点名称。锚的终点和起点设置完毕后,只需单击锚的起点,就可以跳转到锚的终点。

　　注意:href 属性赋的值若是锚点的名字,必须在标签名前边加一个"♯"符号。

　　【例 2 - 18】 在 body 中插入锚点链接,代码如下所示,效果如图 2 - 19 所示。

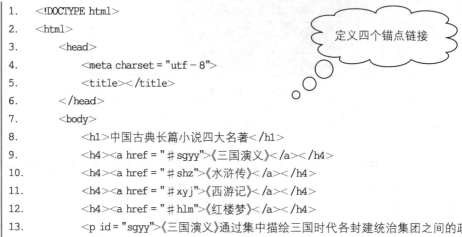

```
1.    <!DOCTYPE html>
2.    <html>
3.        <head>
4.            <meta charset = "utf - 8">
5.            <title></title>
6.        </head>
7.        <body>
8.            <h1>中国古典长篇小说四大名著</h1>
9.            <h4><a href = "♯sgyy">《三国演义》</a></h4>
10.           <h4><a href = "♯shz">《水浒传》</a></h4>
11.           <h4><a href = "♯xyj">《西游记》</a></h4>
12.           <h4><a href = "♯hlm">《红楼梦》</a></h4>
13.           <p id = "sgyy">《三国演义》通过集中描绘三国时代各封建统治集团之间的政治、军
      事、外交斗争,揭示了东汉末年社会现实的动荡和黑暗,谴责了封建统治者的暴虐,反映了人
      民的苦难,表达了人民呼唤明君、呼唤安定的强烈愿望。</p>
14.           <p id = "shz">《水浒传》以宋江领导的起义军为主要题材,通过一系列梁山英雄反
      抗压迫、英勇斗争的生动故事,暴露了北宋末年统治阶级的腐朽和残暴,揭露了当时尖锐对立
      的社会矛盾和官逼民反的残酷现实。</p>
15.           <p id = "xyj">《西游记》主要描写了唐朝太宗贞观年间孙悟空、猪八戒、沙僧、白龙
      马四人保护唐僧西行取经,沿途历经磨难,一路降妖伏魔,化险为夷,最后到达西天,取得真经
      的故事。</p>
16.           <p id = "hlm">《红楼梦》以贾、王、史、薛四大家族的兴衰为背景,以贾府的家庭琐
      事、闺阁闲情为中心,以贾宝玉、林黛玉、薛宝钗的爱情婚姻故事为主线,描写了金陵十二钗的
      人性美和悲剧美,歌颂追求光明的叛逆人物,通过叛逆者的悲剧命运预见封建社会必然走向
      灭亡,揭示出封建末世危机。</p>
17.       </body>
18.   </html>
```

(批注:定义四个锚点链接)

图 2 - 19　锚点的应用

代码中第 13 – 16 行定义了四个锚点,分别为 sgyy、shz、xyj、hlm;第 9 – 12 行定义了四个锚点链接。比如:单击《西游记》锚点,则页面跳转到相应的《西游记》的描述部分。

2.4.4　内部链接

内部链接是来自网站内部的链接,内部链接的 href 属性的属性值一般为相对路径。

```
1.    <!DOCTYPE html>
2.    <html>
3.        <head>
4.            <meta charset = "utf – 8">
5.            <title></title>
6.        </head>
7.        <body>
8.            <a href = "login.html">登录</a>
9.        </body>
10.   </html>
```

（内部链接）

2.4.5　外部链接

外部链接是来自网站以外的链接。单击外部链接的文本,则会跳转到其他的网站的页面中去。外部链接的 URL(统一资源定位符)一般要使用绝对路径。

网页中最常用的利用 HTTP 协议进行外部链接是在设置友情链接时,使用<a href = "http://........ ">...</a>。

```
12.   <!DOCTYPE html>
13.   <html>
14.       <head>
15.           <meta charset = "utf – 8">
16.           <title></title>
17.       </head>
18.       <body>
19.           <a href = "http: //www.hyit.edu.cn">淮阴工学院</a>
20.       </body>
21.   </html>
```

（外部链接）

2.4.6　电子邮件链接

当设置链接到 E-mail 地址的超链接时,除了要使用<a>标记的 href 属性指定收件人的邮件地址,还要在邮件地址前加上 mailto 通信协议。在 Windows 系统中,如用户设定了 OutLook 等邮件系统,在浏览器中单击 E-mail 链接会自动打开新的邮件窗口。

【例 2 - 19】　在 body 中插入邮件链接,代码如下所示,效果如图 2 - 20 所示,单击"联系我们",进入到邮件设置界面。

```
1.    <!DOCTYPE html>
```

```
2.    <html>
3.        <head>
4.            <meta charset = "utf - 8">
5.            <title></title>
6.        </head>
7.        <body>
8.            <a href = "mailto:zhchy510@sina.com.cn">联系我们</a>
9.        </body>
10.   </html>
```

电子邮件链接

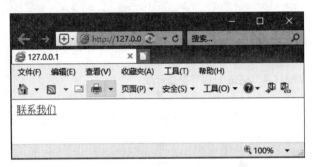

图 2 - 20　电子邮件超链接

2.4.7　框架集标签

框架是布局网页的方式,主要用于一些论坛网站上,但目前,网页布局的主要使用方式是 DIV+CSS。

(1) 语法如下所示:

```
1.    <!DOCTYPE html>
2.    <html>
3.        <head>
4.            <meta charset = "utf - 8">
5.            <title></title>
6.        </head>
7.        <frameset>
8.            <frame />
9.            <frame />
10.       </frameset>
11.   </html>
```

<frameset>标签对浏览器的分割存在不同的方式,主要分为左右分割、上下分割、嵌套分割。

(2) 左右分割窗口

左右分割也叫水平分割,表示在水平方向将浏览器分割成多个窗口,这种方式的分割需要使用<frameset>标签的 cols 属性。

【例 2 - 20】　左右分割窗口,代码如下所示,效果如图 2 - 21 所示。

```
1.   <!DOCTYPE html>
2.   <html>
3.      <head>
4.          <meta charset = "utf - 8">
5.          <title></title>
6.      </head>
7.      <frameset cols = "30 % , * ">
8.          <frame />
9.          <frame />
10.     </frameset>
11.  </html>
```

使用 cols 属性水平分割窗口

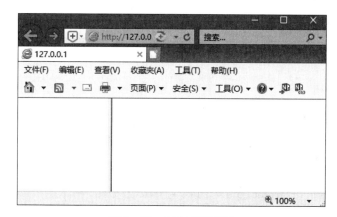

图 2 - 21　左右分割窗口

代码中第 7 行使用 cols 属性将窗口分割成左右两个窗口,其中一个窗口的大小是 30%,另一个窗口大小是剩余的 70%。

(3) 上下分割窗口

上下分割也叫垂直分割,表示在垂直方向将浏览器分割成多个窗口,这种方式的分割需要使用<frameset>标签的 rows 属性。

【例 2 - 21】　上下分割窗口,代码如下所示,效果如图 2 - 22 所示。

```
1.   <!DOCTYPE html>
2.   <html>
3.      <head>
4.          <meta charset = "utf - 8">
5.          <title></title>
6.      </head>
7.      <frameset rows = "80, * ">
8.              <frame />
9.              <frame />
10.     </frameset>
11.  </html>
```

使用 rows 属性上下分割窗口

代码中第 7 行使用 rows 属性将窗口分割成上下两个窗口，其中一个窗口的大小是 80 像素，另一个窗口大小是浏览器窗口减去 80 后的剩余值。

（4）嵌套分割窗口

浏览器窗口既存在左右分割，又存在上下分割，这种分割窗口的方式称为嵌套分割。通过框架的嵌套可实现对子窗口的分割，比如，先将窗口水平分割，再将某个子窗口进行垂直分割。

【例 2 - 22】 嵌套分割窗口，代码如下所示，效果如图 2 - 23 所示。

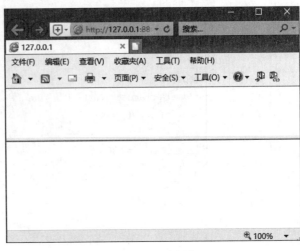

图 2 - 22　上下分割窗口

```
1.    <!DOCTYPE html>
2.    <html>
3.        <head>
4.            <meta charset = "utf - 8">
5.            <title></title>
6.        </head>
7.        <frameset rows = "80, * ">
8.            <frame />
9.            <frameset cols = "30 % , * ">
10.               <frame />
11.               <frame />
12.           </frameset>
13.       </frameset>
14.   </html>
```

代码中第 7 行使用 rows 属性将窗口垂直分割成上下两个窗口；第 9 - 12 行通过嵌套 <frameset> 将第二个窗口分割成了左右两个窗口。

2.4.8　框架标签

（1）框架标签

<frame/> 是个单标签，<frame/> 标记要放在框架集 frameset 中，<frameset> 设置了几个子窗口就必须对应几个 <frame/> 标记，而且每一个 <frame/> 标记内还必须设定一个网页文件（src＝" * .html"）

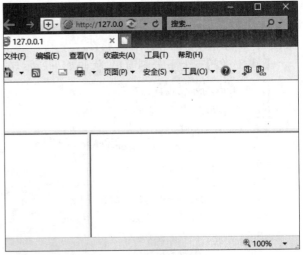

图 2 - 23　嵌套分割窗口

基本语法如下：<frame src=" url" name=" " border=" " bordercolor=" " frameborder="" marginwidth="" scrolling=""/>。

常用属性如表 2 - 4 所示。

表 2 - 4　<frame>标记的常用属性

属　　性	说　　明
src	指示加载的 url 文件地址
bordercolor	设置边框颜色
frameborder	指定是否显示边框："0"表示不显示边框，"1"表示显示边框
border	设置边框粗细
name	指示框架名称，是链接标签的 target 所要的参数
noresize	指示不能调整窗口的大小，省略此项时可调整
scorlling	指示是否要滚动条，auto 根据需要自动出现，yes 有，no 无
marginwidth	设置内容与窗口左右边缘的距离，默认值为 1
marginheight	设置内容与窗口上下边缘的边距，默认值为 1
width、height	框窗的宽及高，默认值为：width＝100，height＝100

（2）框架与超链接

框架应用的一个重要目的是在一个浏览器窗口中，存在一个导航栏窗口和对应的导航目标窗口，该目的通过超链接可以很容易实现，只要将框架名作为超链接的 target 的属性值即可使用框架作为超链接的目标窗口。

【例 2 - 23】　嵌套分割窗口，代码如下所示，效果如图 2 - 24 所示。

● main.html：创建框架，并命名框架

```
1.    <!DOCTYPE html>
2.    <html>
3.        <head>
4.            <meta charset = "utf - 8">
5.            <title></title>
6.        </head>
7.        <frameset rows = "24％,77％" cols = " * ">
8.                <frame src = "top. html">
9.                <frameset rows = " * " cols = "41％,60％">
10.                <frame src = "left. html">
11.                <frame src = "right. html" name = "aa">
12.        </frameset>
13.        </frameset>
14.    </html>
```

使用 name 属性命名框架

代码中第 7 行使用 rows 属性将窗口垂直分割成上下两个窗口；第 8 行使用 src 属性指定框架中显示的页面为 top.html；第 9 - 12 行通过嵌套 <frameset>将第二个窗口分割成了左右两个窗口；第 10 - 11 行使用 src 属性指定框架中显示的页面分别为 left.html、right.html。

- top.html

```
1.   <!DOCTYPE html>
2.   <html>
3.       <head>
4.           <meta charset = "utf - 8">
5.           <title></title>
6.       </head>
7.       <body>
8.         <p align = "center"><font size = "7"><b>中华古诗词</b></font>
9.       </body>
10.  </html>
```

- left.html：创建几个超链接，设置链接的目标窗口为"aa"框架。

```
1.   <!DOCTYPE html>
2.   <html>
3.       <head>
4.           <meta charset = "utf - 8">
5.           <title></title>
6.       </head>
7.       <body>
8.         <a   href = "cx. html" target = "aa">春晓</a><br /><br /><br />
9.         <a   href = "cyxy. html" target = "aa">春夜喜雨</a>
10.      </body>
11.  </html>
```

> aa 为目标窗口的名称

- right.html

```
1.   <!DOCTYPE html>
2.   <html>
3.       <head>
4.           <meta charset = "utf - 8">
5.           <title></title>
6.       </head>
7.       <body>
8.       </body>
9.   </html>
```

- cx.html

```
1.   <!DOCTYPE html>
2.   <html>
3.       <head>
4.           <meta charset = "utf - 8">
5.           <title></title>
6.       </head>
7.       <body>
```

```
8.        <img src = ".. /img /cx. jpg" width = "300" height = "200">
9.      </body>
10.   </html>
```

● cyxy.html

```
1.    <!DOCTYPE html>
2.    <html>
3.      <head>
4.        <meta charset = "utf - 8">
5.        <title></title>
6.      </head>
7.      <body>
8.        <img src = ".. /img /cyxy. jpg" width = "300" height = "200">
9.      </body>
10.   </html>
```

图 2 - 24　框架与超链接应用

2.4.9　浮动框架标签

框架标签只能对网页进行左右或上下分割,如果要使网页的中间某个矩形区域显示其他网页,则需要用到浮动框架标签<iframe></iframe>。

基本语法:< iframe　src = "" name = "" align = "" width = "" height = "" marginwidth="" frameborder="" scrolling="">。各属性的含义如表 2 - 5 所示。

表 2 - 5　iframe 标记的常用属性

属　性	含　义
src	指示浮动窗口中要加载的 url 文件地址,既可是 HTML 文件,也可以是文本、ASP 等

续表

属 性	含 义
name	指示框架名称,是链接标记的 target 所要的参数
align	可选值为 left、right、top、middle、bottom
width、height	框窗的宽及高,默认为 width="100", height="100"
marginwidth	设置内容与窗口左右边缘的距离,默认值为 1
marginheight	设置内容与窗口上下边缘的边距,默认值为 1
frameborder	指定是否显示边框:"0"表示不显示边框,"1"表示显示边框,为了使内部框架与邻近的内容相融合,常设置为 0。
scorlling	指定是否要滚动条,auto 根据需要自动出现,yes 有,no 无

【例 2-24】 将百度首页引入到网页中,代码如下所示,效果如图 2-25 所示。

```
1.   <!DOCTYPE html>
2.   <html>
3.      <head>
4.         <meta charset = "utf - 8">
5.         <title></title>
6.      </head>
7.      <body>
8.         <p>浮动框架是一种比较特别的框架,可以放在网页中的任何位置</p>
9.         <iframe src = "http: //www. baidu. com" width = "750" height = "300">
10.        </iframe>
11.     </body>
12.   </html>
```

图 2-25 浮动框架标签

代码中第 9 行嵌入了一个百度首页到浮动框架中,浮动框架的宽度为 750 像素,高度为 300 像素。

2.5 ▶ HTML 表格标签

表格在网站制作中的应用非常广泛,不仅可以清晰地显示内容,同时能加强文本位置的控制,直观清晰,还可以方便灵活地排版。

2.5.1　表格制作

HTML 语言通过<table>...</table>标签表示表格。每个表格均有若干行,由行标签<tr>...</tr>表示;每行有若干单元格,由单元格标签<td>...</td>表示;表头由标签<th>...</th>表示。单元格为表格中最基本的结构单元,单元格中可以包含不同的 HTML 元素,内容可以是文本、图像、列表、水平线等。表格标签常用属性如表 2 - 6 所示。

表 2 - 6　表格标签的属性

属　性	说　明
border	表格边框的宽度,单位为像素,默认值为 0。
cellspacing	表格的单元格与单元格之间的间距,单位为像素。
cellpadding	表格的单元格边框与内容之间的间距,单位为像素。
width	表格的宽度,单位为像素,默认值为能容纳表格内容的最小宽度。
height	表格的高度,单位为像素,默认值为能容纳表格内容的最小高度。
bgcolor	整个表格的背景颜色。
align	表格相对于页面的水平对齐方式,默认值为 left,即左对齐。

【例 2 - 25】　设计一个四行四列的表格,代码如下所示,效果如图 2 - 26 所示。

```
1.   <!DOCTYPE html>
2.   <html>
3.    <head>
4.     <meta charset = "utf - 8">
5.      <title></title>
6.    </head>
7.    <body>
8.     <table border = "1" cellspacing = "0" width = "300"  height = "200" align = "center">
9.      <tr bgcolor = "silver"><th>学号</th><th>姓名</th><th>性别</th><th>身份</th></tr>
10.     <tr align = "center"><td> 0001 </td><td>张三</td><td>男</td><td>老师</td></tr>
11.     <tr align = "center"><td> 0002 </td><td>李四</td><td>男</td><td>学生</td></tr>
12.     <tr align = "center"><td> 0003 </td><td>王二</td><td>女</td><td>学生</td></tr>
```

```
13.      </table>
14.      </body>
15.   </html>
```

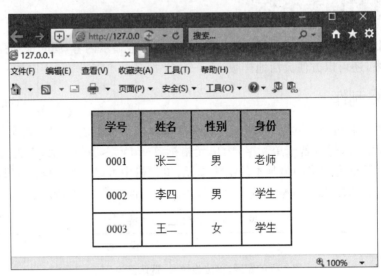

图 2-26　表格的应用

代码中第 8-13 行定义了一个表格,第 8 行定义了表格的边框、单元格间距、宽度和高度等属性,第 9 行采用<th>标签定义了表头,第 10-12 行采用<td>标签定义了表内容。单元格标签<th>、<td>具有一些共同的属性,如表 2-7 所示。

表 2-7　<td>、<th>共同的属性

属　　性	说　　明
align	单元格水平对齐属性,取值为 left、center 和 right,其中 left 为默认值。
valign	单元格垂直对齐属性,取值为 middle、top 和 bottom,其中 middle 为默认值。
width	单元格宽度属性,若不设置单元格宽度,则默认为能容纳该单元格内最宽字符。
height	单元格高度属性,若不设置单元格高度,则默认为能容纳该单元格内最高字符。
bordercolor	单元格边框的颜色。
bgcolor	单元格背景色。

2.5.2　单元格的跨行设置

在网页中使用表格时,可能需要用到单元格的跨行合并,跨行合并需要使用的属性是 td 的 rowspan。

【例 2-26】　设计跨行合并的表格,代码如下所示,效果如图 2-27 所示。

```
1.   <!DOCTYPE html>
2.   <html>
```

```
3.      <head>
4.          <meta charset = "utf - 8">
5.          <title></title>
6.      </head>
7.      <body>
8.          <table border = "1" cellspacing = "0"
    width = "300"   height = "200" align = "center">
9.              <tr bgcolor = "beige">
10.                 <th>学号</th><th>姓名</th><th>性别</th><th>身份</th>
11.             </tr>
12.             <tr align = "center">
13.                 <td>0001</td><td>张三</td><td rowspan = "2">男</td><td>老师</td>
14.             </tr>
15.             <tr align = "center">
16.                 <td>0002</td><td>李四</td><td rowspan = "2">学生</td>
17.             </tr>
18.             <tr align = "center">
19.                 <td>0003</td><td>王二</td><td>女</td>
20.             </tr>
21.         </table>
22.     </body>
23. </html>
```

对单元格执行跨行操作

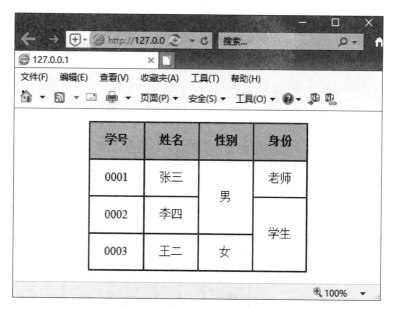

图 2 - 27　表格的跨行合并

代码中第 13 行给表格第二行的第三个单元格标签<td>添加 rowspan 属性,因为是用两个单元格合并成一个,因此 rowspan 为 2;第 16 行给表格第三行的第四单元格同样执行了跨行操作。

2.5.3 单元格的跨列设置

在网页中使用表格时,可能需要用到单元格的跨列合并,跨列合并单元格需要使用的属性是<td>的 colspan。

【例 2 - 27】 设计跨列合并的表格,代码如下所示,效果如图 2 - 28 所示。

```
1.   <!DOCTYPE html>
2.   <html>
3.       <head>
4.           <meta charset = "utf - 8">
5.           <title></title>
6.       </head>
7.       <body>
8.           <p></p>
9.           <table border = "1" cellspacing = "0" width = "300"  height = "200" align =
     "center">
10.              <tr bgcolor = "silver">
11.                      <th>文具</th><th>单价</th><th>数量</th><th>合计</th>
12.              </tr>
13.              <tr align = "center">
14.                      <td>钢笔</td><td>3</td>
     <td>4</td><td>12</td>
15.              </tr>
16.              <tr align = "center">
17.                      <td>铅笔</td><td>0.5</td>
     <td>5</td><td>2.5</td>
18.              </tr>
19.              <tr align = "center">
20.                      <td>总计</td><td colspan = "3">14.5</td>
21.              </tr>
22.          </table>
23.      </body>
24.  </html>
```

对单元格执行跨列操作

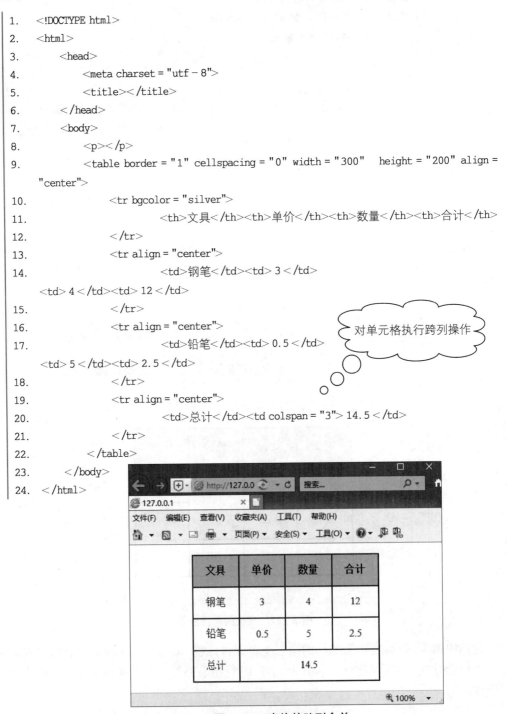

图 2 - 28 表格的跨列合并

代码中第 19 行给表格第四行的第二个单元格标签 <td> 添加 colspan 属性，因为是用三个单元格合并成一个，因此 colspan 为 3。

2.5.4　实例：表格布局家庭成员关系

【例 2 - 28】　使用表格布局家庭成员关系，代码如下所示，效果如图 2 - 29 所示。

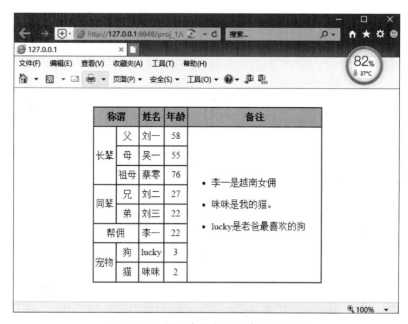

图 2 - 29　使用表格布局家庭成员关系

● 案例分析

这里需要使用一个 9 行 5 列的表格，其中表格有宽度、边框和单元格内边距属性，单元格的外边距为 0，表格的第一行有背景属性，案例的难点是表格的合并，水平合并和垂直合并的综合应用。

● 代码如下：

```
1.    <!DOCTYPE html>
2.    <html>
3.     <head>
4.        <meta charset = "utf - 8">
5.        <title></title>
6.     </head>
7.     <body>
8.        <table border = "1" cellspacing = "0" width = "400" height = "300" align = "center">
9.          <tr align = "center" bgcolor = "silver">
10.            <th colspan = "2">称谓</th><th>姓名</th><th>年龄</th><th>备注</th>
11.          </tr>
12.          <tr align = "center">
13.            <td rowspan = "3">长辈</td><td>父</td><td>刘一</td><td> 58 </td>
```

```
14.          <td rowspan = "8">
15.            <ul align = "left">
16.              <li>李一是越南女佣</li><br />
17.              <li>咪咪是我的猫。</li><br />
18.              <li> lucky 是老爸最喜欢的狗</li>
19.            </ul>
20.          </td>
21.        </tr>
22.        <tr align = "center">
23.          <td>母</td><td>吴一<td> 55 </td>
24.        </tr>
25.        <tr align = "center">
26.          <td>祖母</td><td>蔡零</td><td> 76 </td>
27.        </tr>
28.        <tr align = "center">
29.          <td rowspan = "2">同辈</td><td>兄</td><td>刘二</td><td> 27 </td>
30.        </tr>
31.        <tr align = "center">
32.          <td>弟</td><td>刘三<td> 22 </td>
33.        </tr>
34.        <tr align = "center">
35.          <td colspan = "2">帮佣</td><td>李一</td><td> 22 </td>
36.        </tr>
37.        <tr align = "center">
38.          <td rowspan = "2">宠物</td><td>狗</td><td> lucky </td><td> 3 </td>
39.        </tr>
40.        <tr align = "center">
41.          <td>猫</td><td>咪咪</td><td> 2 </td>
42.        </tr>
43.      </table>
44.    </body>
45.  </html>
```

2.6 HTML 表单标签

HTML 表单是 HTML 页面与浏览器端实现交互的重要手段。对于用户而言,表单是数据录入和提交的界面;对于网站而言,表单是获取用户信息的途径。

<form>是表单的标签,所有的控件在使用时必须放在<form>……</form>间,不能单独存在。当用户单击"提交"按钮时,提交的是表单范围之内的内容,表单区域还包含表单的相关信息,如处理表单的脚本程序的位置、提交表单的方法等。

表单标签的常用属性语法解释如表 2-8 所示。

表 2−8　**<form>标签的常用属性**

属　　性	值	说　　明
name	字符串	给这个表单起个名字
method	get/post	表单的传输方式
action	url	传输目标

表单中可以包含很多不同类型的表单控件,表单控件元素是包含在表单中具有可视化外观的 HTML 元素,用于访问者输入信息。主要包括以下三种控件类型:

- input 标签:文本输入框、按钮、单选框、复选框、文件域等
- textarea 标签:多行文本输入框
- select 和 option 标签:下拉列表框

2.6.1　输入标签

输入标签<input/>是表单中最常用的标签之一。<input/>标签用来定义一个用户输入区,用户可在其中输入信息。

input 标签通过设置 type(类型)的值,来实现不同的表单控件,基本语法:

```
<input name = " " type = " " ...... />
```

常用属性及说明如表 2−9 所示。

表 2−9　**input 标记的常用属性**

属　性	说　　明	属　性	说　　明
name	控件的名称	size	指定控件的宽度
type	控件的类型,如 button、image 等	value	用于设定输入的默认值
align	指定对齐方式,可取 top、bottom、middle	maxlength	单行文本允许输入的最大字符数
src	插入图像的地址		

常用的 type 类型只有以下几种:

- text　文本框
- password　密码框
- radio　单选按钮
- checkbox　复选按钮
- file　文件域
- submit　提交按钮
- reset　重置按钮
- button　普通按钮

(1) 文本框

基本语法:<inpu type="text"/>。用于输入单行文本,如用户名、昵称、电话号码等。

(2) 密码框

基本语法:<inpu type="password"/>。用于输入密文,当用户输入密码时,区域内将会

显示"＊"号。

【例2-29】 用户信息输入,代码如下所示,效果如图2-30所示。

```
1.   <!DOCTYPE html>
2.   <html>
3.       <head>
4.           <meta charset = "utf - 8">
5.           <title></title>
6.       </head>
7.       <body>
         <h4>请输入用户名和密码:</h4>
8.       <form action = "#" method = "post">
9.           用户名:<input type = "text" size = "16" maxlength = "32" /><br /><br />
10.          密码:<input type = "password"  value = "12345678" />
11.      </form>
12.      </body>
13.  </html>
```

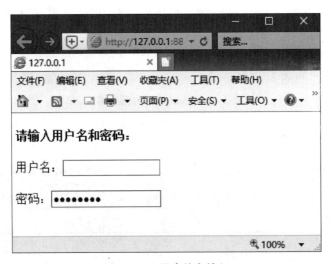

图2-30 用户信息输入

代码中第8-11行在 HTML 的 body 标签中插入表单;第9行在表单中插入一个单行文本输入框,显示宽度为16,最大长度为32;第10行插入一个密码框,默认取值为12345678,用8个"＊"代替。

(3) 单选按钮

基本语法:<inpu type="radio" name="组名"/>。用于单项选择。单选按钮一般成组使用,如果将多个单选按钮设置相同的 name 值,它们就形成一组单选按钮。要将一组单选钮中的一个单选按钮设置为默认选中,需将该单选钮的"checked"属性设置为"checked",不设定表示默认都不选中。

(4) 复选框

基本语法:<inpu type="checkbox"/>。用于多项选择。复选框可以让用户选择一项或者多项内容,甚至全选,所以 name 属性必须单独设置,也可以使用 checked 属性用来设置该单选框缺省时是否被选中。

【例 2 - 30】　单选按钮与复选框的应用。代码如下所示,效果如图 2 - 31 所示。

```
1.   <!DOCTYPE html>
2.   <html>
3.       <head>
4.           <meta charset = "utf - 8">
5.           <title></title>
6.       </head>
7.       <body>
8.           <h4>单选按钮与复选框:</h4>
9.           <form>
10.             性别:
11.             男<input type = "radio" name = "gender" value = "1" checked = "checked" />
12.             女<input type = "radio" name = "gender" value = "2" /><br /><br />
13.             爱好:
14.             <input name = "ck1" type = "checkbox" value = "1" checked = "checked" />唱歌
15.             <input name = "ck2" type = "checkbox" value = "2" />跳舞
16.         </form>
17.     </body>
18. </html>
```

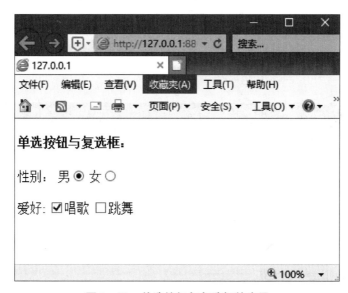

图 2 - 31　单选按钮与复选框的应用

代码中第 11 - 12 行分别在表单中插入两个单选按钮,name 的值均为 gender,value 的值分别为 1 和 2,并给 input 标签设置 checked 属性,将"男"单选按钮设置为预选项;第 14 - 15 行分别在表单中插入两个复选框,name 的值分别为 ck1 和 ck2,value 的值分别为 1 和 2,并给 input 标签设置 checked 属性,将名称为 ck1 的复选框设置为预选项。

(5) 上传文件域

基本语法:<input type="file"/>。用于上传本地文件,如上传图片、文档等。

（6）按钮控件

● 提交按钮：<input type＝"submit"　value＝"默认文本"/>

　作用：将表单内容提交给服务器。

● 重置按钮：<input type＝"reset"　value＝"默认文本"　/>

　作用：将表单内容全部清除，重新填写。

● 普通按钮：<input type＝"button"　value＝"默认文本"/>

　作用：默认无特殊功能，可使用脚本或其他程序自定义按钮功能。

【例 2－31】　文件选择框与三种按钮的应用，代码如下所示，效果如图 2－32 所示。

```
1.    <!DOCTYPE html>
2.    <html>
3.        <head>
4.            <meta charset = "utf - 8">
5.            <title></title>
6.        </head>
7.        <body>
8.            <form>
9.                <p>请选择文件:<p />
10.               <input type = "file" name = "user" /><br /><br />
11.               <input type = "submit" value = "提 交" />
12.               <input type = "reset" value = "重 置" />
13.               <input type = "button" name = "button" value = "关闭窗口" />
14.           </form>
15.       </body>
16.   </html>
```

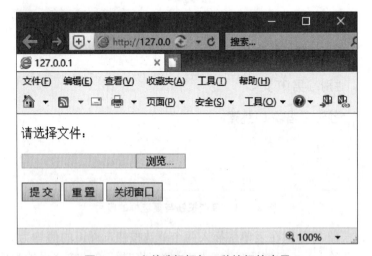

图 2－32　文件选择框与三种按钮的应用

代码中第 10 行在表单中插入一个文件选择框，名称为 user，用户可选择文件，单击"浏览…"按钮后，弹出"选择要添加的文件"对话框，选择相应文件后，单击"打开"按钮，所选文件的名称自动回填到文本输入框中；第 11 行在表单中插入一个提交按钮，值为"提交"；第 12

行在表单中插入一个重置按钮,值为"重置";第 13 行在表单中插入一个普通按钮,名称为 button,值为"关闭窗口"。

2.6.2　下拉列表框标签

在网站购物时,常常需要选择快递的送货地区,把全国的所有省、市都罗列在网页上,是非常占网页空间的。于是,在表单的控件中出现了下拉式的列表框。列表框可以显示一定数量的选项,如果超出了这个数量,会自动出现滚动条,浏览者可以通过拖拉滚动条查看各选项。

通过下拉列表框<select>和<option>标签可以设计网页中的菜单和列表效果。<select>具有 multiple、name 和 size 属性。

- multiple 属性不用赋值,直接加入标志中即可使用,此属性表示列表项可多选;
- name 是此列表框的名字;
- size 属性用来设置列表的高度,缺省时值为 1,若没有设置(加入)multiple 属性,显示的将是一个弹出式的列表框。

【例 2 - 32】　下拉列表框的应用,代码如下所示,效果如图 2 - 33 所示。

```
1.    <!DOCTYPE html>
2.    <html>
3.        <head>
4.            <meta charset = "utf - 8">
5.            <title></title>
6.        </head>
7.        <body>
8.            <form>
9.                请选择您的课程:
10.               <select name = "select1">
11.               <option value = "1" selected = "selected"> CSS </option>
12.                 <option value = "2"> JavaScript </option>
13.                 <option value = "3"> C# </option>
14.                 <option value = "4"> UML </option>
15.               </select><br /><br /><br />
16.               请选择您的专业:<br />
17.               <select name = "select2" size = "5" multiple = "multiple">
18.                   <option value = "1">计算机科学与技术</option>
19.                   <option value = "2">软件工程</option>
20.                   <option value = "3">网络工程</option>
21.                   <option value = "4">物联网工程</option>
22.                   <option value = "5">数据科学与大数据技术
23.               </select>
24.           </form>
25.       </body>
26.   </html>
```

代码中第 10 - 15 行在表单中插入一个下拉列表框,名称为 select1,选项数目为 4;第 17 - 23 行在表单中插入一个下拉列表框,名称为 select2,可见选项数目为 5,设置 multiple 支持多选。

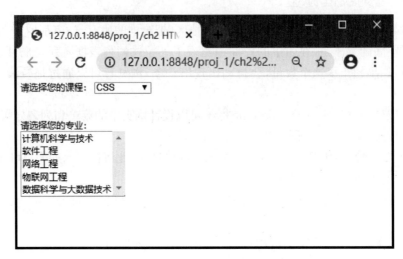

图 2 - 33　下拉列表框的应用

2.6.3　文本域标签

文本域标签<textarea></textarea>用来制作多行的文字域,可以在其中输入更多的文本。<textarea>具有 name、cols 和 rows 属性。cols 和 rows 属性分别用来设置文本框的列数和行数,这里列与行是以字符数为单位的。

【例 2 - 33】　征求意见表,代码如下,效果如图 2 - 34 所示。

```
1.    <!DOCTYPE html>
2.    <html>
3.        <head>
4.            <meta charset = "utf - 8">
5.            <title></title>
6.        </head>
7.        <body>
8.            <h3>表单控件--- textarea </h3>
9.            <form action = "#" method = "post">
10.               请留下宝贵意见:<br />
11.               <textarea  name = "textarea" cols = "50" rows = "4" wrap = "virtual">
12.               </textarea>
13.           </form>
14.       </body>
15.   </html>
```

代码中第 11 行在表单中插入一个 4 行 50 列的多行文本输入框,名称为 textarea,wrap 设置为 virtual,即文本区自动换行。

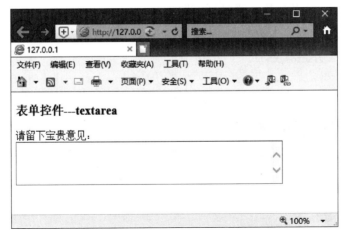

图 2 - 34　多行文本输入框的应用

2.6.4　定义域与域标题

利用<fieldset>标签可以在网页上定义域,在表单中使用域可以将表单的相关元素进行分组,并绘制边框。fieldset 标签基本语法:< fieldset >< legend >域标题内容</legend ></fieldset>;fieldset 标签中的第一个元素一般是 legend 标签,用来为 fieldset 元素设置标题。

【例 2 - 34】　表单加上外框和标题的应用实例。代码如下所示,效果如图 2 - 35 所示。

```
1.   <!DOCTYPE html>
2.   <html>
3.       <head>
4.           <meta charset = "utf - 8" />
5.           <title></title>
6.       </head>
7.       <body background = "img /blank. gif">
8.           <fieldset id = "">
9.               <legend align = "center">注册表单</legend>
10.              姓名:<input type = "text" name = "text1" /><br>< br>
11.              性别:
12.              <input type = "radio" name = "radio1" />男
13.              <input type = "radio" name = "radio1" />女< br>< br>
14.              地址:
15.              <select name = "address">
16.                  <optgroup label = "上海">
17.                      <option value = "普陀区">普陀区</option>
18.                      <option value = "宝山区">宝山区</option>
19.                  </optgroup>
20.                  <optgroup label = "南京">
21.                      <option value = "下关区">下关区</option>
22.                      <option value = "浦口区">浦口区</option>
23.                  </optgroup>
```

```
24.            </select><br><br><br><br><br>
25.            <input type = "submit" value = "提 交" />
26.            <input type = "reset" value = "重 置" align = "center" />
27.        </fieldset>
28.    </body>
29. </html>
```

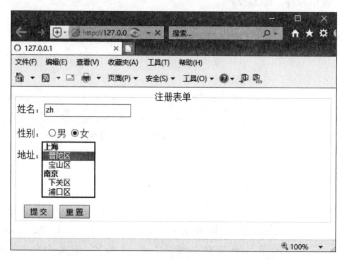

图 2-35　表单加上外框和标题的应用实例

代码中第 8-27 行定义了一个域,域标题为"注册表单",包含姓名、性别、住址信息;第 15-24 行插入了一个下拉列表框,名称为"address",使用<optgroup label="分组名称"></optgroup>将列表项内容分为两组。

2.7 ▶ DIV 与 SPAN 标签

<div>...</div>标记早在 HTML3.0 就已经出现,直到 CSS 的出现,才逐渐发挥出它的优势。而<span>标记直到 HTML4.0 时才被引入,它是专门针对样式表而设计的标记。

<div>是一个区块容器标记,即<div>与</div>之间相当于一个容器,可以容纳段落、标题、表格、图片,以及章节、摘要和备注等各种 HTML 元素。因此,我们可以把<div>与</div>中的内容视为一个独立的对象。

<span>...</span>标记没有结构上的意义,只是为了应用样式,当其他行内元素都不合适时,就可以使用<span>元素。此外,<span>标记可以包含于<div>标记之中,成为它的子元素;但是,<span>标记内部不可以包含<div>标记。

<div>与<span>的区别:<div>是一个块级元素,默认的状态是占据浏览器一行。而<span>是一个行内元素,其默认状态是行内的一部分,占据行的多少由标记中内容的多少来决定。

【例 2-35】　div 与 span 标记的应用实例。代码如下所示,效果如图 2-36 所示。

```
1.  <!DOCTYPE html>
2.  <html>
3.      <head>
```

```
4.              <meta charset = "utf - 8" />
5.              <title></title>
6.          </head>
7.          <body>
8.              <div> DIV 标签为块级元素</div>
9.              <div><img src = ".. /img /jx.jpg"   width = "200" height = "100" /></div>
10.             <div><img src = ".. /img /wyhy.jpg" width = "200" height = "100" /></div>
11.             <span> SPAN 标签为行内元素</span>
12.             <span><img src = ".. /img /jx.jpg"   width = "200" height = "100" /></span>
13.             <span><img src = ".. /img /wyhy. jpg" width = "200" height = "100" /></span>
14.         </body>
15.      </html>
```

图 2 - 36 div 与 span 标记的应用

代码中第 8 - 10 行使用了三个 div 标签,从页面效果看出 div 是块标签,各占用一行;第 11 - 13 行使用了三个 span 标签,从页面效果看出 span 是行内标签,只占用一行。

2.8 实例:HTML 搭建图文展示页面

【例 2 - 36】 综合实例,如图 2 - 37 所示。

(1) 案例分析

在这个案例当中,我们可以看到既有图像、文本、链接,也存在列表及表格,通过本案例的讲解,我们可以掌握到大部分常用 html 标签的作用和用法。

(2) 实现步骤

● 使用<title></title>设置好网页标题;

● 使用插入图像标签<img/>,输入网页的 logo 标识;

● 使用<h1></h1>输入标题,使用正文<p></p>输入内容;

- 使用有序列表和超链接,完成页面中的列表部分;
- 使用定义列表完成"组织简介"部分;
- 插入一个四行三列的表格,完成表格制作。

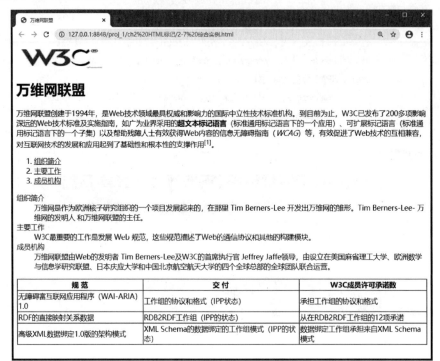

图 2-37　综合实例

(3) 代码如下:

```
1.    <!DOCTYPE html>
2.    <html>
3.        <head>
4.            <meta charset = "utf - 8">
5.            <title>万维网联盟</title>
6.        </head>
7.        <body
8.            <img src = ".. /img /W3C. jpg" width = "200"
      height = "50" />
9.            <h1>万维网联盟 </h1>
10.           <p>万维网联盟创建于 1994 年,是<font color = blue> Web </font>技术领域最具
      权威和影响力的国际中立性技术标准机构。到目前为止,W3C 已发布了 200 多项影响深远的
      Web 技术标准及实施指南,如广为业界采用的<b>超文本标记语言</b>(标准通用标记语言
      下的一个应用)、可扩展标记语言(标准通用标记语言下的一个子集)以及帮助残障人士有效
      获得 Web 内容的信息无障碍指南(<i> WCAG </i>)等,有效促进了 Web 技术的互相兼容,对互
      联网技术的发展和应用起到了基础性和根本性的支撑作用<sup>[1]</sup>。</p>
11.           <ol>
12.               <li><a href = " #">组织简介</a></li>
```

定义上标

13.	`<li><a href = "#">主要工作</a></li>`
14.	`<li><a href = "#">成员机构</a></li>`
15.	`</ol>`
16.	`<dl>`
17.	`<dt>组织简介</dt>`
18.	`<dd>`万维网是作为欧洲核子研究组织的一个项目发展起来的,在那里 Tim Berners - Lee 开发出万维网的雏形.Tim Berners - Lee - 万维网的发明人和万维网联盟的主任。`</dd>`
19.	`<dt>主要工作</dt>`
20.	`<dd>` W3C 最重要的工作是发展 Web 规范,这些规范描述了 Web 的通信协议和其他的构建模块。
21.	`</dd>`
22.	`<dt>成员机构</dt>`
23.	`<dd>`万维网联盟由 Web 的发明者 Tim Berners - Lee 及 W3C 的首席执行官 Jeffrey Jaffe 领导,由设立在美国麻省理工大学、欧洲数学与信息学研究联盟、日本庆应大学和中国北京航空航天大学的四个全球总部的全球团队联合运营。
24.	`</dd>`
25.	`</dl>`
26.	`<table width = "100 % " border = "1" cellspacing = "0">`
27.	`<tr>`
28.	`<th>规　范</th><th>交　付</th><th>`W3C 成员许可承诺数`</th>`
29.	`</tr>`
30.	`<tr>`
31.	`<td>`无障碍富互联网应用程序(WAI - ARIA)1.0`</td>`
32.	`<td>`工作组的协议和格式(IPP 状态)`</td>`
33.	`<td>`承担工作组的协议和格式`</td>`
34.	`</tr>`
35.	`<tr>`
36.	`<td>` RDF 的直接映射关系数据`</td>`
37.	`<td>` RDB2RDF 工作组(IPP 的状态)`</td>`
38.	`<td>`从在 RDB2RDF 工作组的 12 项承诺`</td>`
39.	`</tr>`
40.	`<tr>`
41.	`<td>`高级 XML 数据绑定 1.0 版的架构模式`</td>`
42.	`<td>` XML Schema 的数据绑定的工作组模式(IPP 的状态)`</td>`
43.	`<td>`数据绑定工作组承担来自 XML Schema 模式`</td>`
44.	`</tr>`
45.	`</table>`
46.	`</body>`
47.	`</html>`

2.9 ▶ 本章小结

本章介绍了 HTML 的入门知识,重点介绍了常用的 HTML 标签,本节的重点是列表、链接、图像、表格和表单标签。HTML 的标签还有很多,标签的作用和含义可以参考 HTML 手册或 w3scholl 在线教程。

本章知识点如图 2‐38 所示。

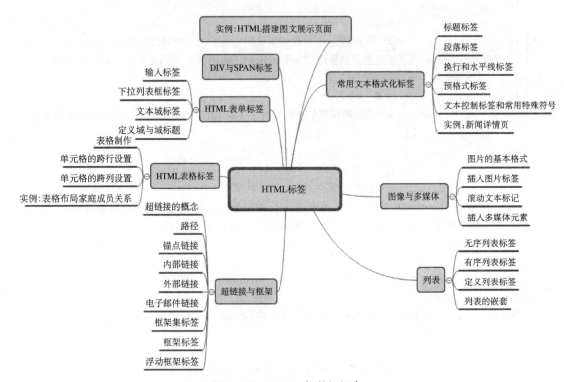

图 2‐38 HTML 标签知识点

2.10 拓展训练

(1) 创建最小的标题的文本标签是( )。
  A. <pre></pre>　B. <h1></h1>　　C. <h6></h6>　　D. <b></b>

(2) 下面标记中,( )在标记的位置添加一个回车符。
  A. <h1>　　　B. <enter>　　　C.
　　　D. <hr>

(3) 表示水平分割线的 HTML 代码是( )。
  A. <hr/>　　　B.
　　　C. <tr>　　　D. <hr></hr>

(4) 在 HTML 中,标记<pre>的作用是( )。
  A. 标题标签　　B. 预排版标签　　C. 换行标签　　D. 文字效果标签

(5) 在网页中添加一个图片的 HTML 代码是( )。
  A. <bgcolor="#FFFFFF">　　　　　B. <img src="图片路径及文件名">
  C. <img href="图片路径及文件名">　D. <title>图片</title>

(6) 定义无序列表的 HTML 代码是( )。
  A. <li><ui>...</li></ul>　　　　B. <ul><li>...</li></ul>
  C. <ol><li>...</li></ol>　　　　D. <li><ol>...</li></ol>

（7）超文本标记语言<a href="https://www.cctv.com">央视国际</a>的作用是(　　)。

    A. 插入一段央视国际网站的文字

    B. 插入一幅央视国际网站的图片

    C. 创建一个指向央视国际网站的电子邮件

    D. 创建一个指向央视国际网站的超链接

（8）设置围绕表格的边框宽度的 HTML 代码是(　　)。

    A. <table size="">　　　　　　　　B. <table border="">

    C. <table bordersize="">　　　　　　D. <tableborder="">

（9）用于设置文本输入框显示宽度的属性是(　　)。

    A. size　　　　　B. maxlength　　　　C. value　　　　　D. length

（10）下列 input 标签的类型属性取值表示单选按钮的是(　　)。

    A. hidden　　　　B. checkbox　　　　C. radio　　　　　D. select

第三章

CSS 基础

3.1 CSS 概述

　　CSS(Cascading Style Sheet,层叠样式表)是一种格式化网页的标准方式,用于控制网页样式,并允许样式信息与网页内容分离的一种技术。由 Hakon Wium Lie(哈肯·维姆·莱)和 Bert Bos(伯特·波斯)于 1994 年合作发明,1996 年被 W3C 审核通过并推荐使用,目前最新版本为 CSS3.0。

　　在网页设计时采用 CSS 技术,可以有效地对页面的布局、字体、颜色、背景和其他效果实现更加精确的控制。只要对相应的代码做一些简单的修改,既可以改变同一页面的不同部分效果,也可以改变同一网站中不同网页的外观和格式。

3.2 CSS 的构成

3.2.1 CSS 的语法结构

　　CSS 样式由选择器和声明组成,而声明又由属性和值组成,如图 3-1 所示。

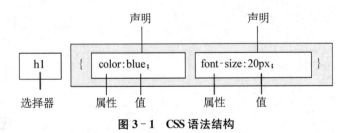

图 3-1　CSS 语法结构

　　选择器又称选择符,指明网页中要应用样式规则的元素;介于花括号{ }之间的内容都是声明,若需要定义多个声明,则每个声明之间使用分号分隔。

　　简单说来,CSS 的每一条语句都被认为是一个个的规则,这些 CSS 规则告诉浏览器如何去渲染 HTML 页面上的特定元素。CSS 规则中主要有三个核心部分,即选择器、属性、值,它们的主要作用如下所示:

- 选择器负责"选择"受此规则影响的 HTML 页面上的元素；
- 属性指的是选中的元素的样式外观,如文字颜色、边框样式、背景样式等；
- 值是给属性设置的准确的样式,如字号是 12 像素,颜色是红色。

注意:最后一条声明可以没有分号,但是为了以后修改方便,一般也加上分号;为了使样式更加容易阅读,建议每行只描述一个属性。

3.2.2　注释语句

就像 HTML 的注释一样,在 CSS 中也有注释语句,用/＊注释语句＊/来标明(Html 中使用<!--注释语句-->)。

/＊注释语句＊/这种格式可以单独一行书写,也可以写在语句的后面,可以注释一行,也可以注释多行,但不能嵌套。

3.3 ▶ CSS 样式表分类

CSS 样式代码可以通过多种方式灵活地应用到我们设计的 HTML 页面中,选择方式可根据我们对设计的不同表现来制定,一般按 CSS 代码位置在 HTML 中引入 CSS 的方法有行内样式、内部样式、外部样式。

3.3.1　行内样式

行内样式是引入 CSS 的较简单的一种方法。每个 HTML 标记都有一个 style 属性,行内样式就是在标记的 style 属性中为元素添加 CSS 规则。基本语法:<标签名称 style＝"样式属性 1:属性值 1; 样式属性 2:属性值 2;..."><。

【例 3-1】 使用行内样式改变段落的颜色和左外边距。代码如下,效果如图 3-2 所示。

```
1.   <!DOCTYPE html>
2.   <html>
3.       <head>
4.           <meta charset = "utf-8">
5.           <title></title>
6.       </head>
7.       <body>
8.           <p style = "color:red; margin-left: 20px;">
9.               This is a paragraph
10.          </p>
11.      </body>
12.  </html>
```

> 样式放在<p>标签内部

由于要将表现(CSS)和内容(HTML)混杂在一起,行内样式会损失掉样式表的许多优势。因此应慎用这种方法,当样式仅需要在一个元素上应用一次时可以使用,一般情况下建议不要使用行内样式。

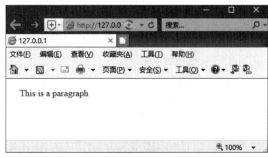

图 3-2　行内样式

3.3.2 内部样式

如果当定义的样式仅应用于某一个页面时，一般使用嵌入式引入 CSS，又称内部样式。内部样式顾名思义是定义在网页的内部，使用 <style>标签在文档头部定义内部样式表。

【例 3-2】 使用嵌入式改变段落的颜色和左外边距。代码如下，效果同图 3-2 所示。

```
1.    <!DOCTYPE html>
2.    <html>
3.       <head>
4.          <meta charset = "utf-8">
5.          <title></title>
6.           <style type = "text/css">
7.                 p {color:red; margin-left:20px;}
8.          </style>
9.       </head>
10.      <body>
11.          <p>This is a paragraph</p>
12.      </body>
13.   </html>
```

> 内部样式表

内部样式表常被用于当单个文档需要特殊的样式时使用。其中 type 属性规定被链接文档的类型。该属性最常见的类型是 "text/css"，该类型描述样式表。

3.3.3 外部样式

链接式是将一个独立的 CSS 文件引入到 HTML 文件。在学习 CSS 或制作单个网页时，为了方便可以使用行内式或嵌入式，但若要制作一个包含很多页面的网站，为了方便页面风格统一，会把样式定义在独立的 CSS 样式表文件中，后缀名为.css，再在 HTML 文档头部使用<link>标签链接 CSS 文件。

基本语法：<link rel="stylesheet" href= "mysheet.css" type= "text/css">

<link>标签相关属性解析：

- rel 属性规定当前文档与被链接文档之间的关系。rel 的属性值为 stylesheet 指示被链接的文档是一个样式表。
- href 属性规定被链接文档的 URL 地址。可以是相对路径也可以是绝对路径。
- type 属性规定被链接文档的类型。"text/css"表示样式表。

使用记事本等编辑工具编写 CSS 文件 style1.css，代码编写如下：

p {color:red; margin-left:20px;}

【例 3-3】 使用链接式改变段落的颜色和左外边距。代码如下，效果同图 3-2 所示。

```
1.    <!DOCTYPE html>
2.    <html>
3.       <head>
4.          <meta charset = "utf-8">
5.          <title></title>
6.          <link href = "../css/style1.css"  rel =
      "stylesheet"  type = "text/CSS" />
```

> HTML 中链接了一个外部 CSS 文件

```
7.      </head>
8.      <body>
9.          <p> This is a paragraph </p>
10.     </body>
11.  </html>
```

　　链接式将 HTML 文件和 CSS 文件分成两个或多个文件,实现了页面框架 HTML 代码与美工 CSS 代码的完全分离,使得前期制作和后期维护都十分方便。如果要保持页面风格统一,只需要把这些公共的 CSS 样式定义在一个文件中,供不同的页面使用;如果需要改变网站风格,只需要修改公共 CSS 文件就可以了。

　　外部样式表最大的优势是应用起来更加的方便、灵活,真正地实现了"结构"与"表现"的分离。

　　如果上面的三种方式同时作用于同一个页面,就会出现优先级的问题,三种样式的优先级从高至低为:行内式→嵌入式→链接式。

3.4 ▶ CSS 基本选择器

　　CSS 中提供了多种选择器,简单理解就是提供了几种方便快捷的选择元素的方式,开发者可根据需求以最直接的方式找到需要修饰的元素。下面我们介绍几种常用的选择器,其中 CSS 的基本选择器有:标签选择器、类选择器、id 选择器和通配符选择器。

3.4.1　标签选择器

　　一个完整的 HTML 页面由很多不同的标签组成,CSS 标签选择器用来声明何种标签采用哪种 CSS 样式,因此,每一种 HTML 标签的名称都可以作为相应的标签选择器的名称。

　　【例 3-4】　标签选择器的应用。代码如下,效果如图 3-3 所示。

```
1.   <!DOCTYPE html>
2.   <html>
3.      <head>
4.          <meta charset = "utf - 8">
5.          <title></title>
6.          <style type = "text /css">
7.              p {color:red;margin - left:300px;}
8.              body {background - image: url(".. /img /hb5.jpg");}
9.          </style>
10.     </head>
11.     <body>
12.         <p>奥黛丽·赫本是联合国儿童基金会亲善大使</p>
13.     </body>
14.  </html>
```

　　代码中第 6-9 行定义了 p 和 body 标签选择器,color、margin-left 和 background-image 为属性,red、300px 和 url("../img/hb5.jpg")为属性值,该 CSS 将 HTML 中所有段落文字

设置为红色,左边距为 300 像素,body 元素添加奥黛丽·赫本头像为背景图片。第 12 行 p 标签中的内容应用了 p 标签选择器中定义的样式。

图 3 - 3　CSS 标签选择器

3.4.2　类选择器

标签选择器的样式一旦声明,则页面中的所有同名标签的元素都会产生变化。例如,若声明 p{color:red;},则页面中所有的<p>元素都显示红色。如果希望其中某些<p>元素不是红色,而是另外一种颜色,这就需要将某些<p>元素定义为一类,使用类选择器选中这一类元素。

类选择器能够把相同的元素分类定义成不同的样式。类选择器以半角“.”开头,且类名称的第一位不能为数字,如图 3 - 4 所示。引用类选择器时为标签设置属性 class="类名称"。

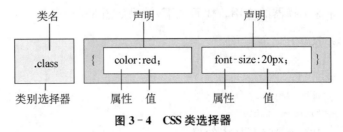

图 3 - 4　CSS 类选择器

【例 3 - 5】　类选择器的应用。代码如下,效果如图 3 - 5 所示。

```
1.    <!DOCTYPE html>
2.    <html>
3.        <head>
4.            <meta charset = "utf - 8">
5.            <title></title>
6.            <style type = "text/css">
7.                .one{                        /* 类选择器 */
8.                    color:red;
9.                    font - style:italic;}
```

```
10.            .two{                          /* 类选择器 */
11.                text-indent:2em;}
12.        </style>
13.    </head>
14.    <body>
15.        <h3 class="one"> h3 标记,应用第一种类选择器样式</h3>
16.        <h4 class="one"> h4 标记,应用第一种类选择器样式</h4>
17.        <p class="one"> p 标记,应用第一种类选择器样式</p>
18.        <p class="two"> p 标记,应用第二种类选择器样式</p>
19.        <p class="one two"> p 标记,同时应用两种类选择器样式</p>
20.    </body>
21. </html>
```

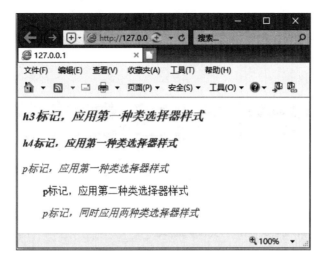

图 3-5　类选择器的应用

代码中第 6-12 行定义了 one 和 two 类选择器,第 15-17 行将标签 h3、标签 h4 和标签 p 都定义为同一类,类名为"one",因此 h3 标签、h4 标签和第一个 p 标签中的文本颜色都为红色、斜体;第 18 行标签 p 定义为"two"类,因此首缩进 2em;第 19 行 p 标签使用 class="one two"两种样式,文本为红色、斜体且段首缩进 2em。

3.4.3　id 选择器

id 选择器的使用方法与类选择器基本相同,不同之处在于一个 id 选择器只能应用于 HTML 文档中的一个元素,因此其针对性更强,而类选择器可以应用于多个元素。

id 选择器以半角"#"开头,且 id 名称的第一位不能为数字,如图 3-6 所示。

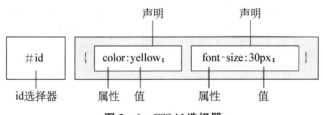

图 3-6　CSS id 选择器

【例 3-6】 id 选择器的应用。代码如下,效果如图 3-7 所示。

```
1.   <!DOCTYPE html>
2.   <html>
3.      <head>
4.         <meta charset = "utf - 8">
5.         <title></title>
6.         <style type = "text /css">
7.             #one{color:red;}                /* id 选择器 */
8.             #two{font - style:italic;}    /* id 选择器 */
9.         </style>
10.      </head>
11.      <body>
12.         <h4 id = "one"> h4 标记,应用第一种 id 选择器样式</h4>
13.         <p   id = "two"> p 标记,应用第二种类选择器样式</p>
14.      </body>
15.   </html>
```

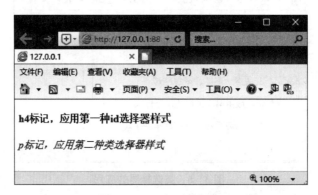

图 3-7 CSS id 选择器

代码中第 6-9 行定义了"one"和"two"两个 id 选择器,第 12 行应用了名为"one"的 id 选择器,第 13 行应用了名为"two"的 id 选择器,符合一个 id 选择器只能应用在一个元素上的规定。

id 与类选择器的重要区别:类可以复用,而每个 id 名只能被使用一次。ID 选择器很多时候被用来标识标签的唯一身份,脚本或程序控制标签时用 ID 可以很直接的找到。

3.4.4　通配符选择器

通配符选择器是功能最强大的选择器,它使用一个(*)号指定,它的作用是匹配 html 中所有标签。比如,*{color:red;}可以将 html 中任意标签字体颜色全部设置为红色。

通配符选择器虽然功能很强大但却很少用到,除了必须对网页进行完全统一的样式设置时。

3.4.5　实例:纯 CSS 仿制谷歌 LOGO

【例 3-7】 综合实例。设计如图 3-8 所示的谷歌 LOGO。

（1）案例分析

谷歌 logo 的特点是每个字母的颜色不同,但文字的字体和大小相同,在制作时应注意如何提高代码的效率,简化代码量。

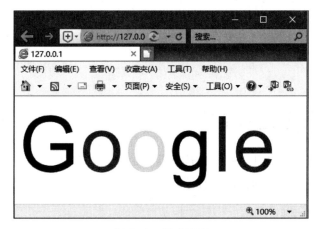

图 3-8　综合实例

（2）实现步骤

● 在 html 当中输入"Google"字母,因每个字母都要设置 CSS 样式,因此每个字母需要写到独立的 span 标签中,见代码 17-22 行。

● 插入内部样式表,使用标签选择器设置相同部分的 CSS 样式,设置文字大小为120px,字体为 arial,见代码 7-9 行。

● 给不同的字母设置相应的颜色,这里有些字母颜色相同如首字母"G"和单词中的"g"都为蓝色,使用 id 选择器来设置显然不合适。为了代码可以复用,使用类选择器,见代码10-13行。

● 给 span 添加 class 定义类名,颜色相同的字母,类名相同即可,见代码 17-22 行。

（3）代码如下

```
1.    <!DOCTYPE html>
2.    <html>
3.        <head>
4.            <meta charset = "utf-8">
5.            <title></title>
6.            <style>
7.                span{
8.                    font-size: 120px;
9.                    font-family: arial;}
10.               .blue{color: blue;}
11.               .red{color:red;}
12.               .yellow{color: yellow;}
13.               .green{color: green;}
14.           </style>
15.       </head>
16.       <body>
```

```
17.          <span class = 'blue'> G </span>
18.          <span class = 'red'> o </span>
19.          <span class = 'yellow'> o </span>
20.          <span class = 'blue'> g </span>
21.          <span class = 'green'> l </span>
22.          <span class = 'red'> e </span>
23.      </body>
24.  </html>
```

3.5 ▶ CSS 派生选择器

在网页制作过程中只有几个基本的选择器不足以高效率地完成代码的编写,因此,CSS 还提供了一些由基本选择器派生的选择器。

3.5.1 后代选择器

后代选择器又称为包含选择器,可以选择某元素的后代元素。后代选择器的写法是把外层的标记写在前面,内层的标记写在后面,之间用空格隔开。例如,ul li 选择器表示"作为 ul 元素后代的任何 li 元素"。

【例 3-8】 后代选择器的应用。代码如下,效果如图 3-9 所示。

```
1.   <!DOCTYPE html>
2.   <html>
3.      <head>
4.          <meta charset = "utf - 8">
5.          <title></title>
6.          <style type = "text /css">
7.              ul li ol li{font - style:italic;}
8.              ul li.special{font - weight:bold;}
9.          </style>
10.     </head>
11.     <body>
12.         <ul>
13.           <li>计算机工程学院
14.               <ol>
15.                   <li class = "special">计算机科学与技术专业</li>
16.                   <li>通信工程专业</li>
17.                   <li>软件工程专业</li>
18.               </ol>
19.           </li>
20.           <li>建筑工程学院
21.               <ol>
22.                   <li>土木工程专业</li>
23.                   <li>建筑规划专业</li>
24.               </ol>
```

```
25.            </li>
26.          </ul>
27.        </body>
28.  </html>
```

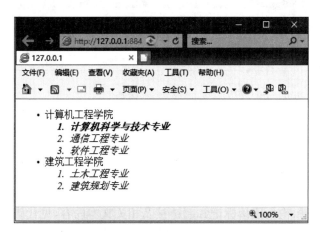

图 3-9 后代选择器的应用

代码中第 6-9 行定义了"ul li ol li"后代选择器可以将无序列表中的有序列表的 li 列表项文本定义为斜体显示,"ul li.special"后代选择器可以将 ul 标记中类为 special 的 li 标记中的文本加粗显示。

注意:使用后代选择器可以减少对类或 id 的声明。因此通常只给外层标记定义类或 id,内层标记可以通过后代选择器选中。

3.5.2 伪类选择器

CSS 伪类用于向某些选择器添加特殊的效果,例如鼠标悬停或单击某元素。常用的伪类有 link(链接)、visited(已访问的链接)、hover(鼠标悬停状态)和 active(激活状态)。

伪类选择器必须指定标记名,标记和伪类之间用冒号":"分隔,例如:

- a:link{color:#FF0000}   /* 未访问的链接 */
- a:visited{color:#00FF00}   /* 已访问的链接 */
- a:hover{color:#FF00FF}   /* 鼠标移动到链接上 */
- a:active{color:#0000FF}   /* 选定的链接 */

其中,前面两种称为链接伪类,只能应用于链接(a)元素,后两种称为动态伪类,一般任何元素都支持动态伪类,例如 li:hover、img:hover、div:hover 和 p:hover。

为了确保每次鼠标经过文本时的效果都相同,建议在定义样式时一定要按照 a:link、a:visited、a:hover 与 a:active 的顺序依次书写。

注意:在 CSS 定义中,a:hover 必须被置于 a:link 和 a:visited 之后才是有效的。a:active 必须被置于 a:hover 之后才是有效的。

3.5.3 实例:鼠标控制文字样式

【例 3-9】 综合实例。效果如图 3-10 所示。

（1）案例分析

这是一个类似新闻类网站导航栏的效果，本案例中需要设置超链接点击前的默认样式，突出显示的链接样式和鼠标移入时的链接样式。

图 3-10　综合实例

（2）实现步骤

● 新建 html 文件，输入段落标记和超链接及相关文本内容，见代码 25-33 行；

● 设置超链接访问前的样式，因访问后和访问前相同，我们可以使用合并样式的方式同时设置；设置超链接状态的文本颜色为深灰色，字体大小为 22px，并设置文本修饰为 none 去掉了下划线样式，见代码 7-10 行；

● 为需要突出显示的超链接设置类，定义相关的 CSS 样式，见 11-14 行；

● 设置鼠标移入超链接时的样式，显示下划线，修改文本颜色。最后将鼠标点击生效时的样式设置和访问前的样式相同；设置突出显示的链接样式为文本大小 40px，文本样式为斜体，文本颜色为绿色，见 15-21 行。

（3）代码如下

```
1.    <!DOCTYPE html>
2.    <html>
3.       <head>
4.          <meta charset = "utf-8">
5.          <title></title>
6.          <style type = "text/css">
7.             a:link,a:visited{
8.                          color: #333;
9.                          font-size:22px;
10.                         text-decoration: none;}
11.            a.current{
12.                      font-size: 40px;
13.                      font-style: italic;
14.                      color: green;}
15.            a:hover{
16.                      color: orange;
17.                      text-decoration: underline;}
18.            a:active{
19.                      color: #333;
```

```
20.                        font – size:22px;
21.                        text – decoration: none;}
22.          </style>
23.      </head>
24.      <body>
25.          <p>
26.              <a href = "#">新闻</a>
27.              <a href = "#" class = "current">视频</a>
28.              <a href = "#">娱乐</a>
29.              <a href = "#">时尚</a>
30.              <a href = "#">财经</a>
31.              <a href = "#">体育</a>
32.              <a href = "#"></a>
33.          </p>
34.      </body>
35.  </html>
```

注意： 编写代码时，一定要遵循 link，visited，hover，active 的书写顺序。

3.6 ▶ CSS 特性

3.6.1 继承性

继承是指设置了父级的 CSS 样式，父级及以下的子级都具有此属性。一般只有文字文本具有继承特性，如文字大小、文字加粗、文字颜色、字体等，有一些 CSS 样式不具有继承性。

【例 3 – 10】 span 标签继承 p 标签的 CSS 特性。效果如图 3 – 11 所示。

```
1.  <!DOCTYPE html>
2.  <html>
3.      <head>
4.          <meta charset = "utf – 8">
5.          <title></title>
6.           <style type = "text /css">
7.                  p{color: red;}
8.           </style>
9.
10.     </head>
11.     <body>
12.         <p>段落中的文本<span> span 中的文本</span></p>
13.     </body>
14. </html>
```

代码中红色应用于 p 标签，这个颜色设置不仅应用 p 标签，还应用于 p 标签中的子元素 span 标签中的文本。

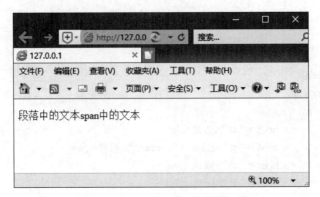

图 3-11　具有继承性的 CSS 属性

【例 3-11】　边框和背景等 CSS 属性无继承性,代码如下,效果如图 3-12 所示。

```
1.    <!DOCTYPE html>
2.    <html>
3.       <head>
4.          <meta charset = "utf - 8">
5.          <title></title>
6.          <style type = "text /css">
7.                div{border: 1px solid red; }
8.          </style>
9.       </head>
10.      <body>
11.         <div>这里是 div <p>这里是段落</p></div>
12.      </body>
13.   </html>
```

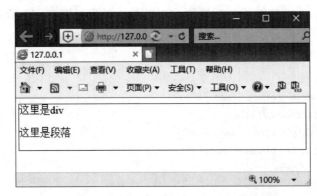

图 3-12　边框属性不具有继承性

　　代码中给 div 标签设置了边框为 1 像素、红色、实心边框线,而对于子元素 p 是没起到作用的,边框属性不具有继承性。当元素本身具有样式时,将不继承父元素的样式而是按自身的样式显示。

　　【例 3-12】　插入段落标签,包含超链接和 span,给段落设置文本颜色。代码如下,效果如图 3-13 所示。

```
1.    <!DOCTYPE html>
2.    <html>
3.        <head>
4.            <meta charset = "utf - 8">
5.            <title></title>
6.             <style type = "text /css">
7.                    p{color: red;}
8.             </style>
9.        </head>
10.       <body>
11.           <p>这里是段落<span>这里是 span 标签</span>
12.           <a href = " ♯ ">这里是超链接标签</a>
13.           </p>
14.       </body>
15.   </html>
```

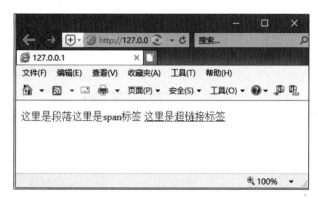

图 3 - 13 边框属性不具有继承性

代码中给段落设置了文本颜色,span 继承 p 的颜色,而超链接就没有被 p 的样式所控制。

CSS 继承性特点:如果子元素自身具有或设置了相关属性,将不继承父元素设置的相同属性;一般只有文字、段落相关的属性才默认具有继承性。

3.6.2 层叠性

层叠就是在 html 文件中对于同一个元素可以有多个 CSS 样式存在,当有相同权重的样式存在时,会根据这些 CSS 样式的前后顺序来决定,处于最后面的 CSS 样式会被应用。

代码如下:

```
1.    <!DOCTYPE html>
2.    <html>
3.        <head>
4.            <meta charset = "utf - 8">
5.            <style>
6.              p{color:red;}
```

```
7.            p{color:green;}
8.          </style>
9.        </head>
10.       <body>
11.         <p>这是一个段落标签 </p>
12.       </body>
13.   </html>
```

最终文本会设置为 green，因为层叠，后面的样式会覆盖前面的样式。

3.7 本章小结

本章重点介绍 CSS 的基本语法、CSS 的样式表的形式、基本选择器类型、后代选择器、伪类选择器。此外还介绍了 CSS 的继承性及层叠性。

本章节知识点如图 3-14 所示。

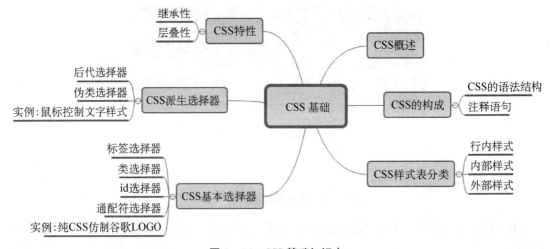

图 3-14 CSS 基础知识点

3.8 拓展训练

（1）CSS 是（   ）的缩写。
    A. Colorful Style Sheets   B. Computer Style Sheets
    C. Cascading Style Sheets   D. Creative Style Sheets
（2）下列（   ）是定义样式表的正确格式。
    A. {body：color＝black(body}   B. body：color＝black
    C. body {color：black}   D. {body；color；black}
（3）下列（   ）是定义样式表中的注释语句。
    A. /＊ 注释语句 ＊/   B. //注释语句
    C. //注释语句//   D. ' 注释语句

(4) 表示内嵌样式的元素是( )。

    A. <style>   B. <css>   C. <script>   D. <link>

(5) 如果要在不同的网页中应用相同的样式表定义,应该( )。

    A. 直接在 HTML 的元素中定义样式表

    B. 在 HTML 的<head>标记中定义样式表

    C. 通过一个外部样式表文件定义样式表

    D. 以上都可以

(6) CSS 中的选择器不包括( )。

    A. 超文本标记选择器   B. 标签选择器

    C. ID 选择器   D. 类选择器

(7) 样式表定义 ♯title {color:red} 表示( )。

    A. 网页中的标题是红色的

    B. 网页中某一个 id 为 title 的元素中的内容是红色的

    C. 网页中元素名为 title 的内容是红色的

    D. 以上任意一个都可以

(8) 样式表定义.outer {background-color:red} 表示( )。

    A. 网页中某一个 id 为 outer 的元素的背景色是红色的

    B. 网页中含有 class="outer" 元素的背景色是红色的

    C. 网页中元素名为 outer 元素的背景色是红色的

    D. 以上任意一个都可以

(9) 下面选项中是合法的类样式的是( )。

    A. .word   B. ♯word   C. word   D. $ word

(10) 以下关于 class 和 id 的说法错误的是( )。

    A. class 的定义方法是:.类名{样式};

    B. id 的应用方法:<指定标签 id="id 名">

    C. class 的应用方法:<指定标签 class="类名">

    D. id 和 class 只是在写法上有区别,在应用和意义上没有区别

第四章

CSS 样式属性

4.1 CSS 中长度与颜色属性

设置 CSS 属性值的难点在于单位的选用。它覆盖范围广，从长度单位到颜色单位，再到 URL 地址等。单位的取舍很大程度上依赖用户的显示器和浏览器，不恰当的使用单位会给页面布局带来很多麻烦，因此属性值的设置需要慎重考虑，合理使用。

CSS 中，单位可以划分为绝对单位和相对单位，如图 4-1 所示。

图 4-1 CSS 单位分类

（1）绝对单位

绝对单位在网页中很少使用，一般多用在传统平面印刷中，但在特殊的场合使用绝对单位是很有必要的。绝对单位包括英寸、厘米、毫米、磅和 pica。

- 英寸(in)：是使用最广泛的长度单位。
- 厘米(cm)：生活中最常用的长度单位。
- 毫米(mm)：在研究领域使用广泛。
- 磅(pt)：在印刷领域使用广泛，也称点。
- pica(pc)：在印刷领域使用，1 pica 等于 12 磅，所以也称 12 点活字。

（2）相对单位

相对单位与绝对单位相比显示大小不是固定的，它所设置的对象受屏幕分辨率、可视区域、浏览器设置以及相关元素的大小等多种因素影响。

- em 单位表示元素的字体高度，它能够根据字体的 font-size 属性值来确定单位的大小。例如：

```
p{
    font-size:12px;line-height:2em;}
```

代码中设置字体大小为 12px，行高为 2em，即是字体大小的 2 倍，所以行高为 24px。如果 font-size 的单位为 em，则 em 的值将根据父元素的 font-size 属性值来确定。

● ex 单位根据所使用的字体中小写字母 x 的高度作为参考。在实际使用中,浏览器将通过 em 的值除以 2 得到 ex 的值。

● px 单位是根据屏幕像素点来确定的。这样不同的显示分辨率就会使相同取值的 px 单位,所显示出来的效果截然不同。实际设计中,建议网页设计师多使用相对长度单位 em,且在某一类型的单位上使用统一的单位。如设置字体大小,根据个人使用习惯,在一个网站中,可以统一使用 px 或 em。

● 百分比也是一个相对单位值。百分比值总是通过另一个值来计算,一般参考父对象中相同属性的值。例如,下面的代码设置段落的行高为字体高度的 150%。

```
p{
    font-size:12px; line-height:150%;}
```

4.2 ▶ CSS 文字与文本属性

4.2.1　CSS 字体属性

CSS 字体属性主要设置字体类型、大小及粗细等样式,常用的字体属性如表 4-1 所示。

表 4-1　常用字体属性

属　　性	说　　明
font-size	设置字体的大小
font-style	设置字体的风格
font-family	设置字体名
font-weight	设置字体的粗细
font	设置文字各种属性的简捷方式

（1）字体大小 font-size

font-size 属性用于设置文本字体的大小,其取值可以是绝对值或者相对值,如表 4-2 所示。

表 4-2　font-size 取值

取　　值	描　　述
xx-small、x-small、small、medium、large、x-large、xx-large	把字体的尺寸设置为不同的尺寸,从 xx-small 到 xx-large。默认值:medium。
smaller	把 font-size 设置为比父元素更小的尺寸。
larger	把 font-size 设置为比父元素更大的尺寸。
length	把 font-size 设置为一个固定的值。
%	把 font-size 设置为基于父元素的一个百分比值。
inherit	规定应该从父元素继承字体尺寸。

例如,下面的代码分别设置标签 p、标签 a 中文本字体的大小。

```
p{font - size:24px;}
a{font - size:larger;}
```

(2) 字体风格 font-style

该属性设置使用斜体(italic)、倾斜(oblique)或正常(normal)字体。

(3) 字体系列 font-family

font-family 用于设置字体名称,如宋体、黑体、Arial 等。基本语法:font-family:字体 1,字体 2,字体 3,…,字体 n。浏览器依次查找字体,只要存在就使用。不存在继续找下去,直到最后一个,如果都不存在,则使用默认字体。示例如下:

```
p{
    font - family:"Times New Roman",Times,serif;}
```

注意:若属性的某个值不是一个单词,则值要加引号,例如上面代码中的:"Times New Roman";若为一个属性设置多个候选值,则每个值之间用逗号分隔。

(4) font-weight 属性

font-weight 属性用于设置字体的粗细,实现对一些字体的加粗显示。语法:font-weight:字体粗度值。font-weight 属性取值如表 4-3 所示。

表 4-3　font-weight 取值

取　值	描　述
normal	缺省值,定义标准的字符。
bold	定义粗体字符。
bolder	定义更粗的字符。
lighter	定义更细的字符。
100、200、300、400、500、600、700、800、900	定义由粗到细的字符。400 等同于 normal,而 700 等同于 bold。

(5) font 属性

font 可以同时设置字符的各种属性,包括 font-style、font-weight、font-size、line-height、font-family。各属性间用空格隔开。如果同时设置 font-size 和 line-height,这两属性值间以"/"隔开。

例如:将标记 p 中的文本设置为隶书、字号 12 像素、斜体、加粗、行高 30 像素。

```
p{
    font:italic bold 12px /30px 隶书;}
```

4.2.2　CSS 文本属性

CSS 文本属性可定义文本的外观。通过文本属性,可以改变文本的颜色、字符间距,对齐文本,装饰文本,对文本进行缩进等。常用的文本属性如表 4-4 所示。

表 4-4　常用文本属性

属　　性	说　　明
color	设置文本颜色
text-align	对齐方式
text-decoration	文本的修饰
text-indent	首行文本缩进
line-height	设置行高
text-transform	控制文本的大小写
letter-spacing	字符间距
word-spacing	设置单词间距

（1）文本颜色 color

color 属性用于设置文本的颜色，所有浏览器都支持 color 属性。语法：color：颜色代码；。颜色取值可以是颜色关键字（如 yellow），也可以用 RGB 表示或十六进制表示。

● 颜色关键字

例如："red"为颜色关键字，可以被 CSS 识别的颜色约 140 种。

```
p{
    color:red;}
```

● RGB 表示

可以通过设置 RGB 三色的值描述颜色。使用 rgb(r,g,b) 或 rgb(r%,g%,b%)。前者参数的取值为 0～255 之间的整数，后者是介于 0 到 100 之间整数。其中，r 表示红色分量值，g 表示蓝色分量值，b 表示绿色分量值，数值越小，亮度越低，数值越大，亮度越高。

例如，RGB(0,0,0)为黑色（亮度最低），RGB(255,255,255)为白色（亮度最高），RGB(255,0,0)为红色。

例如：将 p 标记中的文本颜色设置为蓝色。

```
p{
    color:rgb(0,0,255);}
```

● 十六进制表示

在实际应用中，最常使用十六进制设置颜色值，是将 RGB 颜色数值转换成十六进制的数字，表示方式为：#rrggbb 或 #rgb，其取值范围是 00～FF 或 0～F，对应十进制的范围是 0～255。

例如：

```
h1{color:#00ff00;}      /* 将 h1 标记中的文本颜色设置为绿色 */
p{color:#f00;}          /* 将 p 标记中的文本颜色设置为红色 */
```

（2）文本水平对齐方式 text-align

text-align 属性设置元素中的文本的水平对齐方式，取值如下：

- left：默认值，文本左对齐
- right：文本右对齐
- center：文本中间对齐
- justify：文本两端对齐

（3）文本装饰 text-decoration

text-decoration 属性主要用于对文本进行修饰，如设置文本是否有上划线、下划线或删除线，取值如下：

- none：默认值，为标准文本
- underline：文本有下划线
- overline：文本有上划线
- line-through：文本中间有一条删除线
- blink：表示文字闪烁效果，这一属性值只有在 Netscape 浏览器中才能正常显示。

例如，下面的规则可以去除 a 标签默认的字符下划线。

```
a {
    text - decoration: none;}
```

（4）文本首行缩进 text-indent

text-indent 属性用于设置 HTML 中块级元素（如 p、div）的第一行的缩进数量，常用于设置段落的首行缩进。text-indent 可以使用所有长度单位，包括百分比值。

例如，下面的规则设置所有 p 标签首行缩进 2 个字符。

```
p{
    text - indent:2em;
    }
```

（5）行高 line-height

line-height 用于控制一行文本的高度，类似 word 文档中的行距。

例如，下面的规则使所有 p 标签的行间距为 2 倍（字号大小）的间距。

```
p{
    font - size:14px;
    line - height:2em;}
```

（6）text-transform 属性

text-transform 属性可以控制文本的大小写，取值如下：

- none：默认值
- uppercase：设置文本中所有字母为大写
- lowercase：设置文本中所有字母为小写
- capitalize：设置文本中的每个单词首字母为大写

例如，下面的规则使 h1 标签中所有字母大写。

```
h1{
    text - transform: uppercase;}
```

（7）letter-spacing 属性

letter-spacing 属性可以设置文本中字符间的距离,该属性的设置多用于英文文本。

例如,下面的规则使 h1 标记的字符间距为 2px,h2 标记的字符间距设置为－3px,字符之间会出现相互重叠的效果。

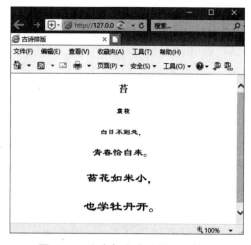

```
h1{letter－spacing: 2px;}
h2{letter－spacing: －3px;}
```

（8）word-spacing 属性

word-spacing 属性可以设置文本中单词之间的距离,该属性的设置多用于英文文本。

【例 4－1】 CSS 文字与文本属性应用示例。代码如下,效果如图 4－2 所示。

图 4－2　文字与文本设置显示效果

```
1.   <!doctype html>
2.   <html>
3.    <head>
4.     <meta charset="UTF－8">
5.         <title>古诗排版</title>
6.         <style type="text/css">
7.             body{text－align:center;}
8.             p{font－family:隶书,微软雅黑;}
9.         </style>
10.    </head>
11.    <body>
12.        <h3>苔</h3>
13.        <h6>袁 枚</h6>
14.        <p style="font－size:15px;">白日不到处,</p>
15.        <p style="font－size:120％;">青春恰自来.</p>
16.        <p style="font－size:150％;">苔花如米小,</p>
17.        <p style="font－size:160％;">也学牡丹开.</p>
18.    </body>
19.   </html>
```

4.3 CSS 背景属性

CSS 背景属性主要用于设置对象的背景颜色、背景图像及背景图像的平铺方向以及位置等样式。

4.3.1 background-color 属性

background-color 属性用于设置元素的背景颜色。

例如,p 元素的背景设置为灰色,代码如下:

```
p{
    background-color: gray;}
```

4.3.2　background-image 属性

background-image 属性设置元素的背景图像,属性的默认值是 none,表示背景上没有设置任何图像。

例如,设置 body 的背景图像,代码如下:

```
body{
        background-image: url(img/1.jpg);}
```

4.3.3　background-repeat 属性

使用 background-repeat 属性设置背景图像是否平铺,如何平铺。以下是此属性的取值方式:

- repeat(默认)　　背景图像平铺排满整个网页
- repeat-x　　　　背景图像只在水平方向上平铺
- repeat-y　　　　背景图像只在垂直方向上平铺
- no-repeat　　　　背景图像只出现一次

例如,设置页面背景图像垂直重复,代码如下:

```
body{
        background-image: url(img/1.jpg);
        background-repeat:repeat-y;}
```

4.3.4　background-position 属性

background-position 属性用于设置背景图像的起始位置,这个属性与 background-image 属性一起使用。background-position 取值如表 4-5 所示。

表 4-5　background-position 取值

取　　值	描　　述
top left top center top right center left center center center right bottom left bottom center bottom right	如果仅设置了一个关键词,那么第二个值将是"center" 默认值:0% 0%

续表

取　值	描　述
x% y%	第一个值是水平位置,第二个值是垂直位置;左上角是 0% 0%,右下角是 100% 100%;如果仅规定了一个值,另一个值是 50%。
xpos ypos	第一个值是水平位置,第二个值是垂直位置;左上角是 0 0,单位是像素（0px 0px）或任何其他的 CSS 单位;如果仅规定了一个值,另一个值将是 50%;可以混合使用 % 和 position 值。

示例如下:

```
body{
    background - image:url(img /1.jpg);
    background - repeat:no - repeat;
    background - position: top right;} /* 背景图出现在右上角 * /
```

4.3.5　background-attachment 属性

background-attachment 属性设置背景图像是否固定或者随着页面的其余部分滚动,这个属性与 background-image 属性一起使用。

background-attachment 属性的默认值是 scroll,也就是说,在默认的情况下,背景会随文档滚动。当文档滚动到超过图像的位置时,图像就会消失,但通过设置 background-attachment 属性为 fixed,就不会受到滚动的影响,示例如下:

```
body{
    height: 3000px;
    Background - image:url(img /1.jpg);
    Background - repeat:no - repeat
    Background - position:right top;
    Background - attachment:fixed;}
```

4.3.6　background 属性

background 属性是简写属性,把所有针对背景的属性设置在一个声明中,可以按 background-color、 background-image、 background-repeat、 background-attachment 和 background-position 顺序设置属性,属性之间用空格相连。示例如下:

```
body{
    background: #ff0000 url(img /1.jpg) no - repeat fixed center;}
```

4.4 ▶ CSS 列表属性

CSS列表属性设置列表项的样式,包括符号、缩进等。list-style-type 属性用于设置列表项标记的类型,list-style-position 属性用于设置列表项标记的位置,list-style-image 属性用于将图像设置为列表项标记。

常用的列表属性如表 4-6 所示。

表 4-6 列表属性

属　性	属性值	描　述
list-style-type	none	无符号
	disc	实体的小圆点
	circle	空心的小圆点
	square	实心的小方块
	decimal	1,2,3...
	lower-roman	i,ii,iii...
	upper-roman	I,II,III...
	lower-alpha	a,b,c,d,e...
	upper-alpha	A,B,C,D,E...
list-style-position	inside	清单项目较往右移
	outside	清单项目正常显示
list-style-image	URL	使用图像作为列表项目符号
	none	不指定图像

【例 4-2】　使用 CSS 字体属性、文本属性、背景属性以及列表属性对文章排版,代码如下,效果如图 4-3 所示。

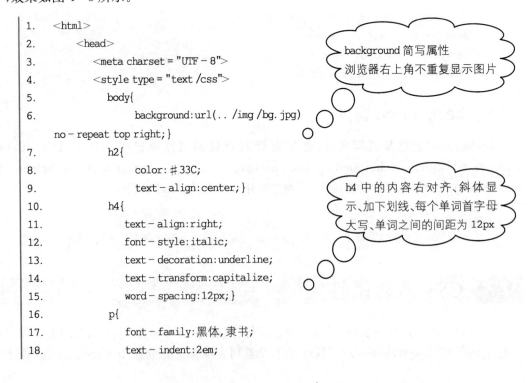

```
1.    <html>
2.        <head>
3.            <meta charset = "UTF - 8">
4.            <style type = "text /css">
5.            body{
6.                background:url(.. /img /bg. jpg)
no - repeat top right;}
7.            h2{
8.                color:#33C;
9.                text - align:center;}
10.           h4{
11.               text - align:right;
12.               font - style:italic;
13.               text - decoration:underline;
14.               text - transform:capitalize;
15.               word - spacing:12px;}
16.           p{
17.               font - family:黑体,隶书;
18.               text - indent:2em;
```

background 简写属性
浏览器右上角不重复显示图片

h4 中的内容右对齐、斜体显示、加下划线、每个单词首字母大写、单词之间的间距为 12px

```
19.             line - height:150 % ;
20.             color: ♯333;
21.             font - size:14px;}
22.         li{
23.             font - size:12px;
24.             list - style - image:url(.. /img /arrow.gif);}
25.       </style>
26.     </head>
27.     <body>
28.         <h2> CSS 的特点</h2>
29.         <h4> cascading style sheets </h4>
30.         <p>样式通常保存在外部的 .css 文件中。通过仅仅编辑一个简单的 CSS 文档,外
   部样式表使你有能力同时改变站点中所有页面的布局和外观。</p>
31.         <p>在页面中插入样式表的方法有:</p>
32.         <ul>
33.         <li>行内样式表</li>
34.         <li>内部样式表</li>
35.         <li>链入外部样式表</li>
36.         <li>导入外部样式表</li>
37.         </ul>
38.     </body>
39. </html>
```

> 列表标记为动态图片
> arrow.gif

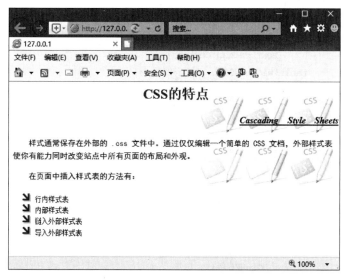

图 4 - 3 CSS 显示效果

4.5 ▶ CSS 表格属性

使用 CSS 表格属性,可以极大地改善表格的外观。常用的表格属性如表 4 - 7 所示。

表 4-7　表格属性

属　性	描　述
border	设置表格边框
border-collapse	设置是否把表格边框合并为单一的边框
width	设置表格的宽度
height	设置表格的高度
text-align	文本水平对齐方式
vertical-align	文本垂直对齐方式
padding	表格中内容与边框的距离

4.5.1　表格边框

可以使用 border 属性设置表格的边框,border 属性的用法在 2.5 节已经介绍过。

【例 4-3】 在下面的代码中使用并集选择器"table,th,td"设置表格以及单元格的边框,页面显示效果如图 4-4 所示。

```
1.    <!DOCTYPE html>
2.    <html>
3.       <head>
4.          <meta charset = "utf-8">
5.          <style type = "text/css">
6.             table,th,td{
7.                border:1px solid blue;
8.                text-align:center;}
9.             table{width:300px;heght:200px;}
10.            caption{
11.               font-weight:bold;
12.               font-size:20px;}
13.          </style>
14.       </head>
15.       <body>
16.          <table>
17.           <caption>古诗词分类一览表</caption>
18.            <tr>
19.               <th>作者</th>
20.               <th>诗词名</th>
21.               <th>分类</th>
22.            </tr>
23.            <tr>
24.               <td>文天祥</td>
25.               <td>扬子江</td>
26.               <td>励志诗</td>
27.            </tr>
```

```
28.            <tr>
29.                <td>王昌龄</td>
30.                <td>从军行</td>
31.                <td>边塞诗</td>
32.            </tr>
33.            <tr>
34.                <td>李 白</td>
35.                <td>赠汪伦</td>
36.                <td>送别诗</td>
37.            </tr>
38.        </table>
39.    </body>
40. </html>
```

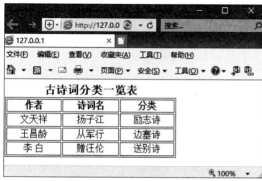

图 4 - 4　应用 border 属性

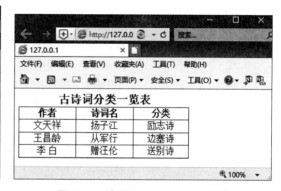

图 4 - 5　应用 border-collapse 属性

4.5.2　折叠边框

在上面的例子中,表格具有双线条边框,这是由于 table、th 以及 td 元素都有独立的边框。如果需要把表格显示为单线条边框,可以使用 border-collapse 属性。在上面的例子中添加以下代码,页面显示效果如图 4 - 5 所示。

```
table{
    border - collapse:collapse;}
```

4.5.3　实例-隔行变色表格制作

【例 4 - 4】　制作如图 4 - 6 所示的隔行变色的表格。

网页中经常使用表格展示数据,当数据表格的行比较多,用户查看数据时极易看错行,这时可以使用隔行变色显示。为奇数行或偶数行添加一个类,并定义该类的背景色即可实现隔行变色,代码如下:

```
1.  <html>
2.      <head>
3.          <meta charset = "UTF - 8">
```

```
4.        <style type = "text /css">
5.            # customers
6.                    {
7.                        font - family:"Trebuchet MS", Arial;
8.                        width:100 % ;
9.                        border - collapse:collapse;
10.                   }
11.           # customers td,  # customers th
12.              {
13.              font - size:1em;
14.              border:1px solid # 98bf21;
15.              padding:3px 7px 2px 7px;
16.              }
17.           # customers th
18.              {
19.              font - size:1.1em;
20.              text - align:left;
21.              padding - top:5px;
22.              padding - bottom:4px;
23.              background - color: # A7C942;
24.              color: # ffffff;
25.              }
26.           # customers tr.alt td
27.              {
28.              color: # 000000;
29.              background - color: # EAF2D3;
30.              }
31.        </style>
32.      </head>
33.      <body>
34.        <table id = "customers">
35.            <tr>
36.                <th> Company </th>
37.                <th> Contact </th>
38.                <th> Country </th>
39.            </tr>
40.            <tr class = "alt">
41.                <td> Baidu </td>
42.                <td> Li YanHong </td>
43.                <td> China </td>
44.            </tr>
45.            <tr>
46.                <td> Google </td>
47.                <td> Larry Page </td>
48.                <td> USA </td>
```

折叠边框

隔行变色

```
49.              </tr>
50.              <tr class = "alt">
51.                  <td> Lenovo </td>
52.                  <td> Liu Chuanzhi </td>
53.                  <td> China </td>
54.              </tr>
55.              <tr>
56.                  <td> Microsoft </td>
57.                  <td> Bill Gates </td>
58.                  <td> USA </td>
59.              </tr>
60.          </table>
61.      </body>
62.  </html>
```

奇数行调用 alt 类

图 4 - 6　隔行变色表格

4.6 ▷ 本章小结

　　本章重点介绍的是 CSS 控制网页内容常用的 CSS 属性，包括字体属性（font）、文本属性（text）、背景属性（background）、列表属性（list-style）和表格属性（table）。

　　本章知识点如图 4 - 7 所示。

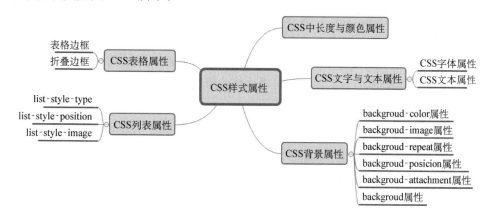

图 4 - 7　CSS 样式属性知识点

4.7 拓展训练

(1) 下列选项中不属于 CSS 文本属性的是（   ）。

    A. font-size   B. text-align   C. line-height   D. text-decoration

(2) 下列（   ）表示 p 元素中的字体是粗体。

    A. p {text-size：bold}   B. p {font-weight：bold}

    C. <p style="text-size：bold">   D. <p style="font-size：bold">

(3) 下列哪个 CSS 属性可以更改字体大小（   ）。

    A. text-size   B. font-size   C. text-style   D. font-style

(4) 下列哪个 CSS 属性能够更改文本字体（   ）。

    A. text   B. line-height   C. font-family   D. text-decoration

(5) 下列（   ）表示 a 元素中的内容没有下划线。

    A. a{text-decoration：no underline}   B. a{underline：none}

    C. a{text-decoration：none}   D. a{decoration：no underline}

(6) 下面哪个 CSS 属性是用来更改背景颜色的（   ）。

    A. back   B. bgcolor   C. color   D. background-color

(7) 怎样给所有的<h1>标签添加背景颜色（   ）。

    A. h1 {color：#FFFFFF}

    B. h1 {background-color：#FFFFFF；}

    C. #h1 {background-color：#FFFFFF}

    D. h1.all {background-color：#FFFFFF}

(8) 以下对列表的描述，（   ）是不正确的。

    A. list-style-type   B. list-style-color

    C. list-style-position   D. list-style-image：url

(9) 在 CSS 语言中下列（   ）是"列表项标号图像"的语法。

    A. width：<值>   B. height：<值>

    C. list-style-image：<值>   D. list-style-picture：<值>

(10) 以下说法错误的是（   ）。

    A. list-style-type：square 表示列表项符号是小方块

    B. list-style-color 不是列表属性

    C. 设置 table 标签的 border 属性，默认可以看到两层边框线

    D. 可以使用 table-collapse 属性将表格边框和单元格边框重合在一起显示

【微信扫码】
本章参考答案 & 相关资源

第五章

CSS 高级应用

5.1 盒子模型

盒子模型是 HTML＋CSS 中最核心的基础知识,结合浮动、定位等技术手段实现布局,是目前浏览器兼容性最好的布局方式。

5.1.1 盒子模型的概念

页面中的元素都可以看成是一个盒子,它占据着一定的页面空间。一般来说这些被占据的空间往往都要比单纯的内容大。可以通过调整盒子的边框和距离等参数,来调节盒子的位置和大小。一个页面由很多个盒子组成,这些盒子之间相互影响。掌握盒子模型需要从两方面来理解。一是理解一个孤立的盒子的内部结构,二是理解多个盒子之间的相互关系。

(1) CSS 盒子模型的四要素

盒子模型又称框模型(Box Model),包含的四元素分别是内容(content)、内边距(padding)、边框(border)、外边距(margin)。如图 5-1 所示。

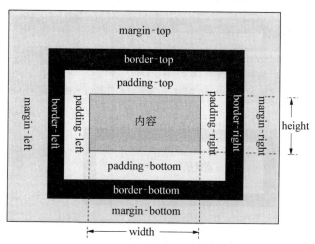

图 5-1　盒子模型示意图

其中内容是元素框的最内部分;内边距直接包围内容,用来隔离自身与子元素;边框是内边距的边缘;外边距用来隔离自身与其他元素。

(2) 盒子的宽度和高度

默认情况下,当指定一个 CSS 元素的宽度和高度属性时,仅是设置内容区域的宽度和高度。若要计算元素的完全大小,还必须添加填充、边框和边距。即:

元素框的总宽度 = 元素(element)的 width + padding 的左边距和右边距的值 + margin 的左边距和右边距的值 + border 的左右宽度;

元素框的总高度 = 元素(element)的 height + padding 的上边距和下边距的值 + margin 的上边距和下边距的值 + border 的上下宽度。

【例 5-1】 元素的总宽度计算,代码如下所示,页面显示效果如图 5-2 所示。

```
1.  <!doctype html>
2.  <html>
3.      <head>
4.          <meta charset = "utf - 8">
5.          <title>元素的总宽度计算</title>
6.          <style type = "text /css">
7.              div
8.              {
9.                  width: 200px;
10.                 border: 20px solid green;
11.                 padding: 30px;
12.                 margin: 40px;
13.             }
14.         </style>
15.     </head>
16.     <body>
17.         <div>我的总宽度是?</div>
18.     </body>
19. </html>
```

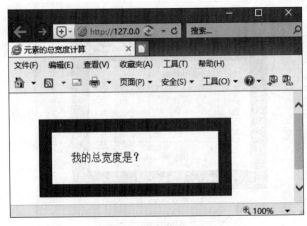

图 5-2 元素的总宽度

该元素的总宽度：200px（宽）＋ 60px（左＋右填充）＋ 40px（左＋右边框）＋ 80px（左＋右边距）＝ 380px。

盒子模型是 CSS 控制页面时一个非常重要的概念。只有很好地掌握了盒子模型以及其中每个元素的用法，才能真正地控制好页面中的各个元素。

5.1.2　盒子的内容

内容区是盒子模型的中心，用来显示子元素，例如文本、图片等。内容区有三个属性：width、height 和 overflow。

使用 width 和 height 属性可以指定盒子内容区的宽度和高度，当内容信息太多，超出内容区所占范围时，可以使用 overflow 溢出属性来指定处理方法。其基本语法为：overflow：visible｜auto｜hidden｜scroll。各属性值描述如表 5－1 所示。

表 5－1　overflow 属性值及描述

属性值	描　　述
hidden	溢出部分将不可见
visible	溢出的内容信息可见，只是被呈现在盒子的外部
scroll	滚动条将被自动添加到盒子中，用户可以通过拉动滚动条显示内容信息
auto	将由浏览器决定如何处理溢出部分

5.1.3　盒子的内边距

内边距区域的大小由顶端填充（padding-top）、右填充（padding-right）、底端填充（padding-bottom）、左填充（padding-left）控制，填充的值可以设置为长度值或百分比。

可以在一个声明中按照上、右、下、左的顺序分别设置各边的内边距属性。例如：

```
div{padding:10px 80px 5px 20px;}
```

也可以通过四个单独的属性 padding-top、padding-right、padding-bottom 以及 padding-left 分别设置上、右、下、左内边距，例如：

```
div{padding-left:15%;}
```

内边距呈现了元素的背景。当对盒子设置了背景颜色或背景图像后，那么背景会覆盖 padding 和内容组成的范围，并且默认情况下背景图像是以 padding 的左上角为基准点在盒子中平铺的。

提示：padding 值不可以为负值。

5.1.4　盒子的外边距

外边距区域的大小由 margin-top、margin-right、margin-bottom、margin-left 控制。外边距属性接受任何长度单位、百分数值甚至负值。

可以在一个声明中按照上、右、下、左的顺序分别设置各边的外边距属性，例如：

```
div{margin:10px 80px 5px 20px;}
```

也可以通过四个单独的属性 margin-top、margin-right、margin-bottom、margin-left 分别设置上、右、下、左外边距,例如:

```
div{margin - left:20%;}
```

外边距默认是透明的,因此不会遮挡其后的任何元素。

提示:margin 值可以为负。

5.1.5　盒子的边框

边框是内边距的边缘,边框粗细由 border-width 控制,样式由 border-style 控制,颜色由 border-color 控制,一般按照 border-width、border-style、border-color 顺序设置边框属性。

每个元素都包括四个方向上的边框,border-top、border-right、border-bottom、border-left。可以单独定义它们的属性,例如:

```
p{border - top:10px dotted red;}
```

也可以使用 border 属性统一定义边框显示的效果。例如:

```
p{border:10px dotted red;}
```

【例 5-2】 元素的边框,代码如下所示,页面显示效果如图 5-3 所示。

```
1.   <!doctype html>
2.   <html>
3.      <head>
4.         <meta charset = "utf - 8">
5.         <title>盒子的边框</title>
6.         <style type = "text /css">
7.            p
8.            {
9.                width: 200px;
10.               border - top: 10px solid green;
11.               border - right: 20px dotted red;
12.               border - bottom: 30px dashed gray;
13.               border - left: 40px solid blue;
14.               padding: 10px;
15.            }
16.         </style>
17.      </head>
18.      < body>
19.         <p>盒子边框实例演示</p>
20.      </body>
21.   </html>
```

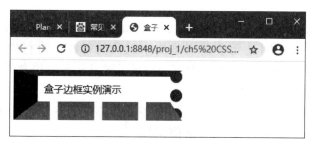

图 5 - 3　元素的边框

通过 CSS 重新定义元素样式,可以分别设置盒子的 margin、padding、border 值以及盒子边框和背景的颜色,从而美化网页元素。

5.1.6　盒子模型注意事项

(1) 外边距合并问题

当两个盒子在垂直方向上设置 margin 值时,会出现外边距合并现象。即当两个垂直外边距相遇时,它们将形成一个外边距。合并后的外边距的高度等于两个发生合并的外边距的高度中的较大者。外边距合并前后如图 5 - 4 所示。

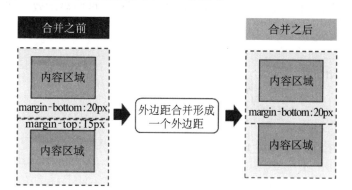

图 5 - 4　上下 margin 合并

提示:行内元素的左右 margin 等于相邻两边的 margin 之和,不会发生合并。

而当一个元素包含在另一个元素中时(假设没有内边距或边框把外边距分隔开),它们的上、下外边距也会发生合并,如图 5 - 5 所示。

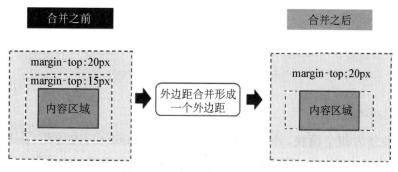

图 5 - 5　父子元素 margin 合并

（2）宽高度问题

● 行内元素的盒子只能在浏览器中得到一行高度的空间，可以使用 line-height 属性设置行高。若不设置行高，则是元素在浏览器中默认的行高。对行内元素设置 width 或 height 不起作用，因此一般将行内元素设置为块级元素显示再应用盒子属性。例如标记 a，定义上下边界不影响行高。

● 若盒子中没有内容（如<div></div>），对它设置高度和宽度为百分比单位（如 40%），但没有设置 border、padding 以及 margin 值，则盒子不显示，也不会占据浏览器的空间；但是如果对空元素的盒子设置的高度或宽度是像素值，则盒子会占据浏览器的空间。

（3）默认值问题

● 大部分 HTML 元素的盒子属性 margin、padding 默认值都为 0；

● 有少数 HTML 元素的盒子属性（margin，padding）浏览器默认值不为 0，例如：body，p，ul，li，form 标记等，因此有时需先设置它们的这些属性为 0。

● 表单中大部分 input 元素（如文本框、按钮）的边框属性默认不为 0，可以设置为 0，美化表单中输入框和按钮。

5.1.7　实例

【例 5-3】　用盒子模型画四个三角形，代码如下所示，页面显示效果如图 5-6 所示。

```
1.   <!DOCTYPE html>
2.   <html>
3.      <head>
4.         <title>四个三角形</title>
5.         <meta charset = "utf-8">
6.         <style>
7.            .triangle_four
8.            {
9.               width: 0;
10.              height: 0;
11.              border-width: 40px;
12.              border-style: solid;
13.              border-color: #333333 #666666 #999999 #cccccc;
14.              margin: 40px auto;
15.           }
16.        </style>
17.     </head>
18.     <body>
19.        <div class = "triangle_four"></div>
20.     </body>
21.  </html>
```

盒子模型分为四个模块，外边距（margin）、边框（border）、内边距（padding）和内容（content），当内边距和内容的宽、高都为 0 的时，能显示的部分就只有边框。盒子模型相当于被等宽的边框区域瓜分成四个等腰直角三角形。

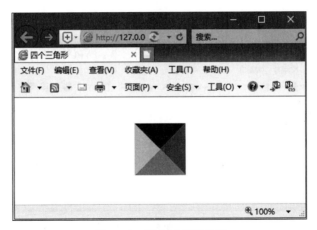

图 5 - 6　四个三角形效果

那如何利用盒子模型绘制一个三角形呢？只需要将其他三个三角形都透明化，就可以显示出三角形的效果。

【例 5 - 4】　用盒子模型绘制尖尖朝左的三角形，代码如下所示，页面显示效果如图 5 - 7 所示。

```
1.  <!DOCTYPE html>
2.  <html>
3.      <head>
4.          <title>三角形</title>
5.          <meta charset = "utf - 8">
6.          <style type = "text /css">
7.              .triangle_border_left
8.              {
9.                  width: 0;
10.                 height: 0;
11.                 border - width: 30px 30px 30px 0;
12.                 border - style: solid;
13.                 border - color: transparent green transparent transparent;
14.                 /* 透明 绿 透明 透明 */
15.                 margin: 40px auto;
16.                 position: relative;
17.             }
18.         </style>
19.     </head>
20.     <body>
21.         <div class = "triangle_border_left"></div>
22.     </body>
23. </html>
```

三角形的底边朝哪边就将哪一个方向的 border-color 值设为想要的三角形颜色值；同时，三角形的尖尖朝哪个方向就将那个方向的 border-width 设为 0。上面的案例是生成朝左的绿色三角形。

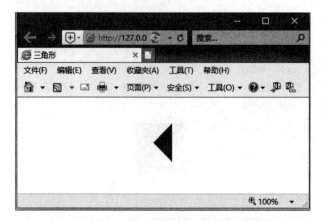

图 5-7 朝左三角形效果

5.2 标准文档流

5.2.1 理解标准文档流

标准文档流,是网页中的元素在没有使用特定的定位方式情况下默认的布局方式。它是一个"默认"状态,是元素排版布局过程中,元素自动从左往右、从上往下的流式排列。在网页上自上而下分成一行行,并在每行中从左至右的顺序排放元素。

在标准流中,如果没有指定宽度,盒子则会在水平方向上自动伸展,直到顶端到两端,各个盒子会竖直方向依次排列。

【例 5-5】 标准文档流案例,代码如下所示,页面显示效果如图 5-8 所示。

```
1.    <!doctype html>
2.    <html>
3.        <head>
4.            <meta charset = "utf - 8">
5.            <title>标准文档流</title>
6.            <style type = "text /CSS">
7.                h1{border: 2px solid blue;}
8.                li{border: 1px dashed red;}
9.                p{border: 3px dotted purple;}
10.           </style>
11.       </head>
12.       <body>
13.           <h1>标准文档流案例</h1>
14.           <ul>
15.               <li>这是第一个列表项目</li>
16.               <li>这是第二个列表项目</li>
17.               <li>这是第三个列表项目</li>
18.               <li>这是第四个列表项目</li>
19.               <li>这是第五个列表项目</li>
```

```
20.            </ul>
21.            <p>再添加一个文本段落</p>
22.       </body>
23.  </html>
```

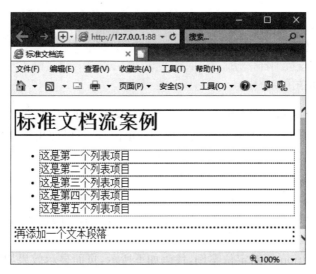

图 5 - 8 标准文档流案例效果

5.2.2 标准文档流等级

标准文档流分为块级元素和行内元素两种等级,都是 html 规范中的概念。行内元素(inline element)又称内联元素,即元素一个挨着一个,在同一行按从左至右的顺序显示,不单独占一行。而块元素(block element)独占一行,默认时宽度是其父级元素的 100%。

5.3 position 定位方式

CSS position 属性用于指定一个元素在文档中的定位方式。与 top,right,bottom 和 left 属性联合使用,将决定元素的最终位置。

5.3.1 position 属性

position 语法规则为"position:static | absolute | fixed | relative;",即规定了 4 种定位方式,如表 5 - 2 所示。

表 5 - 2 position 属性值及描述

属性值	描　　述
static	默认值。盒子按照标准流进行布局。
absolute	生成绝对定位的元素,相对于 static 定位以外的第一个父元素进行定位。
relative	生成相对定位的元素,相对于其正常位置进行定位。
fixed	固定定位,与绝对定位类似,相对于浏览器窗口进行定位。

5.3.2　元素位置属性

元素位置属性（top、right、bottom、left）与定位方式共同设置元素的具体位置。语法如下：

```
top:auto ｜ 长度值 ｜ 百分比;
right:auto ｜ 长度值 ｜ 百分比;
bottom:auto ｜ 长度值 ｜ 百分比;
left:auto ｜ 长度值 ｜ 百分比;
```

这 4 个属性分别表示对象与其最近一个定位的父对象顶部、右部、底部和左部的相对位置，auto 表示采用默认值，长度值需要包含数字和单位，也可以使用百分数进行设置。

5.3.3　relative

relative，相对定位。使用相对定位的盒子的位置常以标准流的排版方式为基础，之后使盒子相对于它在原本的标准位置偏移指定的距离。相对定位的盒子仍在标准流中，它后面的盒子仍以标准流方式对待它。

【例 5 - 6】　position 相对定位案例，代码如下所示，页面显示效果如图 5 - 9 所示。

```
1.    <!doctype html>
2.    <html>
3.        <head>
4.            <meta charset = "utf - 8">
5.            <title> position 相对定位案例</title>
6.            <style type = "text /CSS">
7.                #parent
8.                {
9.                    border: 10px solid #333333;
10.                   background: #dddddd;
11.                   padding: 20px;
12.               }
13.               #sub1
14.               {
15.                   position: relative;
16.                   padding: 10px;
17.                   border: 2px solid green;
18.                   top: 10px;
19.                   left: 10px;
20.               }
21.               #sub2
22.               {
23.                   border: 2px solid red;
24.                   padding: 10px;
25.               }
```

```
26.          </style>
27.       </head>
28.       <body>
29.          <div id = "parent">
30.              <div id = "sub1"> sub1 </div>
31.              <div id = "sub2"> sub2 </div>
32.          </div>
33.       </body>
34.    </html>
```

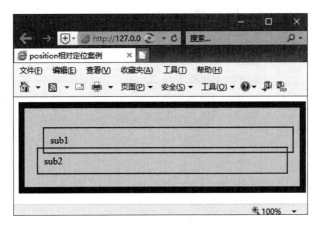

图 5-9 position 相对定位案例效果

上述代码中,若未设置 relative 属性值时,sub1 的位置按照正常的文档流处于 parent 中。但当设置 sub1 的 position 为 relative 后,将根据 top,right,bottom,left 的值按照它理应所在的位置进行偏移,relative 的"相对的"意思也正体现于此,一旦设置后就按照它理应在的位置进行偏移。注意 relative 的偏移是基于对象的 margin 的左上侧,在这个例子中,是以它的父级元素 parent 内容区的起始点为基准进行定位。

若将 sub2 的 position 也设置为 relative,会产生什么效果?此时 sub2 和 sub1 一样,按照它原来应有的位置进行偏移。

5.3.4 absolute

absolute,绝对定位。盒子的位置以它的包含块为基准进行偏移。绝对定位的盒子从标准流中脱离,即对其后的兄弟盒子的定位没有影响,其他的盒子就好像这个盒子不存在一样。绝对定位的规则描述如下:

一是使用绝对定位的盒子以它的"最近"的一个"已经定义"的"祖先元素"为基准进行偏移。如果没有已经定义的祖先元素,那么会以 body 元素为基准进行定位。偏移的距离通过 top、left、bottom 和 right 属性确定。

二是绝对定位的盒子从标准流中脱离,这意味着它们对其后的兄弟盒子的定位没有影响,其他的盒子就好像这个盒子不存在一样。

所谓"已经定义"元素的含义是它的 position 属性被设置,并且被设置为不是 static 的任意一种方式,那么该元素就被定义为"已经定义"的元素;而"祖先"元素,当元素存在嵌套关系时,就会产生元素的父子关系。从任意节点开始,从父亲一直走到根节点,经过的所有节点都是它的祖先;"最近"是指在一个节点的所有祖先节点中,找出所有"已经定位"的元素,其中距离该节点最近的一个节点,父亲比祖父近,以此类推,"最近"的就是要找的定位基准。

【例 5-7】 position 绝对定位案例,代码如下所示,页面显示效果如图 5-10 所示。

```
1.   <!doctype html>
2.   <html>
3.      <head>
4.         <meta charset = "utf-8">
5.         <title> position 绝对定位案例</title>
6.         <style type = "text/CSS">
7.            #parent
8.            {
9.                position: relative;
10.               width: 400px;
11.               height: 200px;
12.               border: 1px solid gray;
13.            }
14.           #sub1
15.            {
16.               position: absolute;
17.               width: 100px;
18.               height: 100px;
19.               left: 20px;
20.               top: 10px;
21.               background: green;
22.            }
23.           #sub2
24.            {
25.               width: 50px;
26.               height: 50px;
27.               background: blue;
28.            }
29.         </style>
30.      </head>
31.      <body>
32.         <div id = "parent">
33.            <div id = "sub1"> sub1 </div>
34.            <div id = "sub2"> sub2 </div>
35.         </div>
36.      </body>
37.   </html>
```

上述代码中,若未设置 parent 的属性值为 relative 时,sub1 以 body 为基准进行定位;设置 parent 的属性值为 relative 后,sub1 以 parent 为基准进行定位,从标准流中脱离。sub1 对其后的兄弟 sub2 的定位没有影响,就好像 sub1 这个盒子不存在一样,于是 sub2 就占到了未绝对定位前 sub1 的位置。

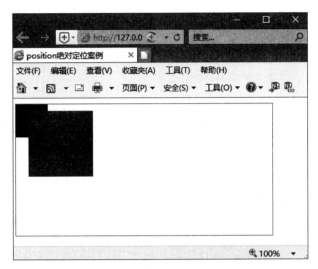

图 5-10   position 绝对定位案例效果

若将 sub2 的 position 也设置为 absolute,会产生什么效果? 此时 sub2 和 sub1 一样,也从标准流中脱离。

5.3.5   fixed

fixed 是特殊的 absolute,即 fixed 总是以浏览器的可视窗口进行定位。一定要注意,只是以浏览器窗口为基准进行定位,也就是当拖动浏览器窗口的滚动条时,依然保持对象位置不变。该属性常用来设计网站顶部菜单随着滚动条移动而位置固定的效果。

5.3.6   实例

使用盒子的定位和偏移属性制作小提示窗口,如图 5-11 所示,鼠标在"Ajax"上悬停则标记 a 中的 p 标记以待解释的文字"Ajax"为基准定位显示。

【例 5-8】 小提示窗口案例,代码如下所示,页面显示效果如图 5-11 所示。

```
1.    <!DOCTYPE html>
2.    <html>
3.        <head>
4.            <meta charset = "utf-8">
5.            <title>小提示窗口</title>
6.            <style type = "text/css">
7.                a.tip
8.                {
9.                  color: red;
10.                 text-decoration: none;
11.                 position: relative;
12.                 /* 设置待解释的文字为定位基准 */
13.                }
14.                a.tip p
15.                {
```

```
16.                    display: none;
17.                }
18.            /*默认状态下隐藏小提示窗口*/
19.            a.tip:hover .popbox
20.            {
21.                    display: block;
22.                /*当鼠标滑过时显示小提示窗口*/
23.                    position: absolute;
24.                    top: 10px;
25.                    left: -30px;
26.                    width: 100px;
27.                /*以上三条设置小提示窗口的显示位置及大小*/
28.                    background-color: #424242;
29.                    color: #fff;
30.                    padding: 10px;
31.            }
32.        </style>
33.    </head>
34.    <body>
35.        <div>
36.            Web前台技术:<a href="#" class="tip">Ajax<p class="popbox">Ajax
    是一种浏览器无刷新就能和web服务器交换数据的技术</p></a>技术和<a href="#"
    class="tip">CSS  <p class="popbox">Cascading Style Sheets 层叠样式表</p></a>
    技术
37.        </div>
38.    </body>
39. </html>
```

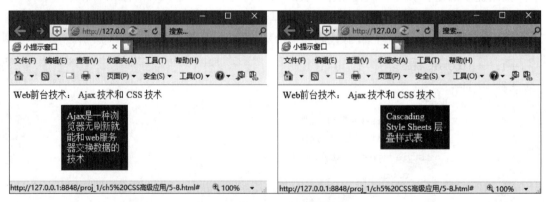

图 5-11   小提示窗口案例效果

5.4 ▶ float 浮动方式

在标准文档流中,块级元素在水平方向会自动伸展,直到包含它的元素的边界,而在竖直方向和兄弟元素依次排列;行内元素的盒子都是左右排列。所以仅仅按照普通流的方式进行排列,网页布局就不够灵活。CSS 给出了以浮动和定位方式对盒子排列,这样提高了排版布局的灵活性。

5.4.1 float 属性

浮动属性(float 属性)用于某元素的浮动情况。其属性具体描述如表 5-3 所示。

表 5-3 float 属性值及描述

属性值	描　　述
none	默认值,即"不浮动",也就是在标准流中的通常情况。
left	左浮动,向其父元素的左侧靠紧。
right	右浮动,向其父元素的右侧靠紧。
inherit	表示规定应该从父元素继承 float 属性的值。

如果将 float 属性的值设为 left 或 right,元素就会向其父元素的左侧或右侧靠紧,同时盒子的宽度不再伸展,而是收缩。在没有设置宽度时,会根据盒子里面的内容来确定宽度。

5.4.2 设置盒子左右浮动

(1)标准文档流中的盒子

定义 4 个<div>块和 1 个<p>,其中有 1 个外层的 div,也称为"父块",另外 3 个<div>块和 1 个<p>是嵌套在它的里边,称为"子块"。为了便于观察,将各个 div 都加上了边框以及背景颜色,并且让各个 div 有一定的 margin 和 padding 值。

【例 5-9】 盒子都处于标准文档流中的案例,代码如下所示,页面显示效果如图 5-12所示。

```
1.   <!DOCTYPE html>
2.   <html>
3.     <head>
4.       <meta charset = "utf-8">
5.       <title> float-none </title>
6.       <style type = "text/CSS">
7.         #parent
8.         {
9.           padding:10px;
10.          background-color:#aaa;
11.          border:solid #0099FF 1px;
12.        }
13.        #sub1,#sub2,#sub3
14.        {
15.          background-color:purple;
16.          padding:10px;
17.          margin:15px;
18.          color:#FFF;
19.          border:1px solid #FFCC66;
```

```
20.                    }
21.                 #sub4
22.                 {
23.                      background-color:darkturquoise;;
24.                      padding:10px;
25.                      border:1px dashed #FF6;
26.                 }
27.            </style>
28.        </head>
29.        <body>
30.            <div id="parent">
31.                <div id="sub1"> sub1 </div>
32.                <div id="sub2"> sub2 </div>
33.                <div id="sub3"> sub3 </div>
34.                <p id="sub4">如果 4 个子元素都没有设置任何浮动属性,它们就是标准流中
    的盒子状态,在父块的里面,4 个子块各自向右伸展,竖直方向依次排列。</p>
35.            </div>
36.        </body>
37. </html>
```

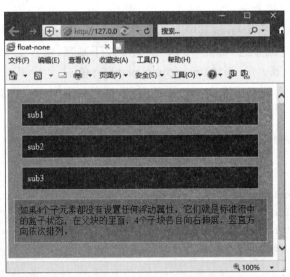

图 5-12　盒子都处于标准文档流中的案例效果

(2) 设置一个盒子浮动

为第 1 个子块设置 CSS 浮动属性。

【例 5-10】　设置第一个子块浮动的案例,关键代码如下所示,页面显示效果如图 5-13
所示。

```
1.    #sub1
2.    {
3.        float: left;
4.    }
```

页面显示效果如图 5－13 所示,可以看到,标准流中的 sub2 的文字在围绕着 sub1 排列,而此时 sub1 的宽度不再伸展,而是能容纳下内容的最小宽度。

图 5－13　第一个子块左浮动效果的案例效果

图 5－14　前两个子块左浮动效果的案例效果

(3) 设置两个盒子浮动

为第 1 个和第 2 个子块设置 CSS 浮动属性。

【例 5－11】　设置前两个子块浮动的案例,关键代码如下所示,页面显示效果如图 5－14 所示。

```
1.   #sub1, #sub2
2.   {
3.       float: left;
4.   }
```

若将 sub2 的 float 属性也设置为 left,可以看到 sub2 也变为根据内容确定宽度,并使 sub3 的文字围绕 sub2 排列。

(4) 设置三个盒子浮动

为前 3 个子块设置 CSS 浮动属性。

【例 5－12】　设置前三个子块浮动的案例,关键代码如下所示,页面显示效果如图 5－15 所示。

```
1.   #sub1, #sub2, #sub3
2.   {
3.       float: left;
4.   }
```

若将 sub3 也设置为向左浮动,页面显示效果如图 5－15 所示。可以看到,文字所在的 p 段落元素的范围,以及文字会围绕浮动的子块盒子排列(浏览器宽度的变化会导致文字环绕方式的改变)。

前面将 3 个盒子都设置为向左浮动,而如果将 sub3 改为向右浮动,即属性值为 float: right,这时页面显示效果如图 5－16 所示。可以看到 sub3 移动到了最右端,文字段落盒子的范围没有改变,但文字变成了夹在 sub2 和 sub3 之间。

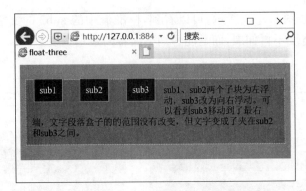

图 5‑15 前三个子块左浮动效果的案例效果

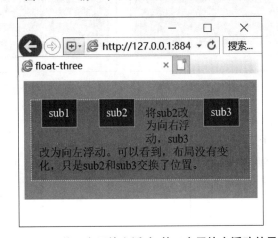

图 5‑16 前两个子块左浮动、第三个子块右浮动效果

如果将 sub2 改为向右浮动，sub3 改为向左浮动，这时页面显示效果如图 5‑17 所示。可以看到，布局没有变化，只是 sub2 和 sub3 交换了位置。

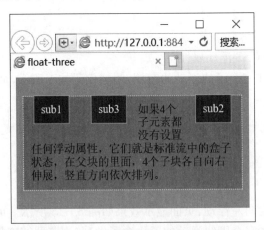

图 5‑17 第一、三个子块左浮动、第二个子块右浮动效果

由此，获得一个很有用的启示：通过使用 CSS 布局，可以在 HTML 不做任何改动的情况下调换盒子的显示位置。可以在写 HTML 的时候，通过 CSS 来确定内容的位置，而在 HTML 中确定内容的逻辑位置，可以把内容最重要的放在前面，相对次要的放在后面。这

样在访问网页的时候，重要的内容先显示出来。

5.4.3　清除浮动

接着图 5-17 的效果，即 3 个 div 子块依然都设置浮动属性，此时增加 sub2 和 sub3 的内容，页面显示效果如图 5-18 所示。若不希望后面的 p 元素受它们浮动的影响，该如何设置呢？

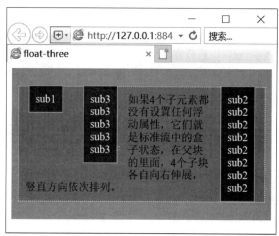

图 5-18　第一、三个子块左浮动，第二个子块右浮动，第二、三块子内容增加后页面效果

可以对文本段落增加一行对 clear 属性的设置，先将它设为左清除，也就是使这个段落的左侧不再围绕着浮动框排列。代码如下：

```
clear: left;
```

这时页面显示效果如图 5-19 所示，段落的上边界向下移动，直到文字不受左边的两个盒子影响为止，但它仍然受 sub2 右浮动的影响。

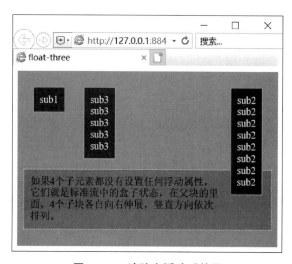

图 5-19　清除左浮动后效果

之后，再将 clear 属性设置为 right，代码如下：

```
clear: right;
```

页面显示效果如图 5-20 所示，由于 sub2 比较高，因此清除了右侧的影响，左侧自然也不会受影响了。

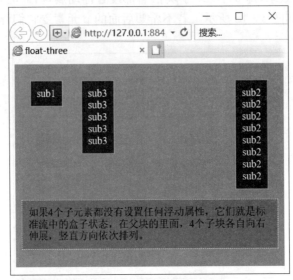

图 5-20　清除右浮动后效果

此外，clear 还可以直接设置为 both，同时清除左右两侧的影响。

【例 5-13】　清除浮动的案例，代码如下所示，页面显示效果如图 5-21 所示。

```
1.    <! DOCTYPE html>
2.    <html>
3.        <head>
4.            <meta charset = "utf - 8">
5.            <title>清除浮动</title>
6.            <style type = "text /CSS">
7.                # parent
8.                {
9.                    padding: 10px;
10.                   background - color: # aaa;
11.               }
12.               # sub1, # sub2, # sub3
13.               {
14.                   background - color: purple;
15.                   padding: 10px;
16.                   margin: 15px;
17.                   color: # FFF;
18.                   border: 1px solid # FFCC66;
19.               }
20.               # sub1, # sub3
21.               {
22.                   float: left;
```

```
23.                  }
24.              #sub2
25.              {
26.                      float: right;
27.              }
28.              #sub4
29.              {
30.                      background-color:darkturquoise;
31.                      padding: 10px;
32.                      border: 1px dashed #FF6;
33.                      clear: both;
34.              }
35.          </style>
36.      </head>
37.      <body>
38.          <div id="parent">
39.              <div id="sub1"> sub1 </div>
40.              <div id="sub2"> sub2 <br> sub2 <br> sub2 <br> sub2 <br> sub2 <br> sub2
    <br> sub2 <br> sub2 </div>
41.              <div id="sub3"> sub3 <br> sub3 <br> sub3 <br> sub3 <br> sub3 </div>
42.              <p id="sub4">如何来清除浮动呢?clear 属性除了可以设置为 left 或 right
    之外,还可以设置为 both,表示同时消除左右两边的影响;
43.                      对 clear 属性的设置要放到文字所在的盒子里(比如上例中在一个 P 段
    落的 CSS 设置中),而不要放到浮动盒子的设置里边。<br>
44.                      如何来清除浮动呢?clear 属性除了可以设置为 left 或 right 之外,还
    可以设置为 both,表示同时消除左右两边的影响;
45.                      对 clear 属性的设置要放到文字所在的盒子里(比如上例中在一个 P 段
    落的 CSS 设置中),而不要放到浮动盒子的设置里边。
46.              </p>
47.          </div>
48.      </body>
49. </html>
```

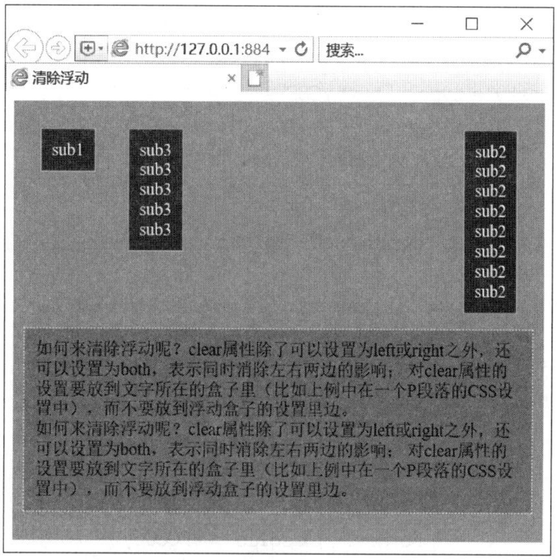

图 5-21　清除左右浮动后效果

注意：clear 属性除了可以设置为 left 或 right 之外，还可以设置为 both，表示同时消除左右两边的影响；对 clear 属性的设置要放到文字所在的盒子里（比如上例中在一个 p 段落的 CSS 设置中），而不要放到浮动盒子的设置里边。

5.4.4　扩展盒子的高度

删除代码中 p 标记及其包含内容，页面显示效果如图 5-22 所示。图中，父盒子中的所有 div 都设为浮动，盒子 sub1、sub2 和 sub3 都脱离了标准流，这样父盒子高度变成了 0。而图中父盒子显示了一定的高度，是由于父盒子的 padding 属性设为了 10px。

如果希望实现外部容器的高度随内部内容自动增高，可以在代码中再加一个 div，这个 div 不设置浮动，这种用法在实际网页布局中应用较多。

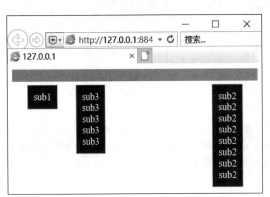

图 5-22　删除 p 标记后效果

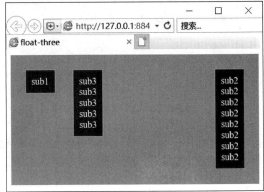

图 5-23　扩展盒子高度效果

【例 5-14】　扩展盒子高度案例，代码如下所示，效果图如图 5-23 所示。

```
1.    <!DOCTYPE html>
2.    <html>
3.        <head>
4.            <meta charset = "utf-8">
5.            <title> float-three </title>
6.            <style type = "text /CSS">
7.                #parent
8.                {
9.                    padding: 10px;
10.                   background-color: #aaa;
11.               }
12.               #sub1, #sub2, #sub3
13.               {
14.                   background-color: purple;
15.                   padding: 10px;
16.                   margin: 15px;
17.                   color: #FFF;
18.                   border: 1px solid #FFCC66;
19.               }
```

```
20.          # sub1, # sub3
21.          {
22.                float: left;
23.          }
24.          # sub2
25.          {
26.                float: right;
27.          }
28.          .clear
29.          {
30.                clear: both;
31.                padding: 0px;
32.                margin: 0px;
33.                border: 0px;
34.          }
35.       </style>
36.    </head>
37.    <body>
38.       <div id = "parent">
39.          <div id = "sub1"> sub1 </div>
40.          <div id = "sub2"> sub2 <br> sub2 <br> sub2 <br> sub2 <br> sub2 <br> sub2 <br> sub2 <br> sub2 </div>
41.          <div id = "sub3"> sub3 <br> sub3 <br> sub3 <br> sub3 <br> sub3 </div>
42.          <div class = "clear"></div>
43.       </div>
44.    </body>
45. </html>
```

5.4.5　浮动总结

（1）浮动的盒子宽度不会自动伸展，而是以内容为准；

（2）浮动的盒子脱离标准流而独立存在；

（3）对后面标准流中的文字产生影响，而使文字环绕着浮动的盒子排列；

（4）如果一个容器中的子盒子都是浮动方式的，那么容器 div 的高度不会自动伸展，如果要自动伸展，要增加一个标准流下的 div，并且这个 div 要自动清除容器 div 对它的影响；

（5）浮动只对后面的内容有影响，对前面的内容没有影响。

5.4.6　实例

（1）图文混排及首字下沉效果

如果将一个盒子浮动，另一个盒子不浮动，那么浮动的盒子将被未浮动盒子的内容包围。若浮动的盒子是图像，未浮动的盒子是文本，就实现了图文混排的效果。

【例 5 - 15】　图文混排及首字下沉案例，代码如下所示，页面显示效果如图 5 - 24 所示。

```
1.    <!DOCTYPE html>
2.    <html>
3.        <head>
4.            <meta charset = "utf-8">
5.            <title>图文混排</title>
6.            <style type = "text/CSS">
7.                img
8.                {
9.                        border: 10px solid gray;    /*图像加灰色虚线边框*/
10.                       margin: 20px;    /*设置图的外边距*/
11.                       float: left;        /*实现图文混排*/
12.               }
13.               p
14.               {
15.                       font-size: 18px;
16.                       text-align: justify;
17.               }
18.               p.one:first-letter
19.               {
20.                       float: left;        /*实现首字下沉*/
21.                       font-size: 4em;
22.               }
23.           </style>
24.       </head>
25.       <body>
26.           <img src = "images/xgfy.jpg" alt = "图文混排" />
27.           <p class = "one">新型冠状病毒肺炎(Corona Virus Disease 2019,COVID-19),简称
          "新冠肺炎",世界卫生组织命名为"2019 冠状病毒病",是指 2019 新型冠状病毒感染导致的
          肺炎。</p>
28.               <p>2019 年 12 月以来,湖北省武汉市部分医院陆续发现了多例有华南海鲜市场暴
          露史的不明原因肺炎病例,现已证实为 2019 新型冠状病毒感染引起的急性呼吸道传染病。
          </p>
29.               <p>2020 年 2 月 11 日,世界卫生组织总干事谭德塞在瑞士日内瓦宣布,将新型冠
          状病毒感染的肺炎命名为"COVID-19"。</p>
30.               <p>2020 年 2 月 21 日,国家卫生健康委发布了关于修订新型冠状病毒肺炎英文命
          名事宜的通知,决定将"新型冠状病毒肺炎"英文名称修订为"COVID-19",与世界卫生组织命
          名保持一致,中文名称保持不变。</p>
31.               <p>2020 年 3 月 4 日,国家卫健委发布了《新型冠状病毒肺炎诊疗方案(试行第七
          版)》。</p>
32.       </body>
33.   </html>
```

图 5 - 24　图文混排及首字下沉案例效果

（2）横菜单效果

实现横菜单最关键的代码是将原本的默认纵向显示的列表修改为横向显示，即将所有项目列表 float 属性值设为 left，即所有列表项目均向左浮动，便形成横菜单效果。

【例 5 - 16】　横菜单案例，代码如下所示，页面显示效果如图 5 - 25 所示。

```
     <! DOCTYPE html>
1.   <html>
2.      <head>
3.          <meta charset = "utf - 8">
4.          <title>横菜单</title>
5.          <style type = "text /css">
6.              # navigation
7.              {
8.                  font - family: Arial;
9.                  font - size: 14px;
10.                 text - align: right;
11.             }
12.             # navigation ul
13.             {
14.                 list - style - type: none;
15.                 margin: 0px;
16.                 padding: 0px;
17.                 overflow: auto;
18.             }
19.             # navigation li
20.             {
21.                 background: # 111111;
22.                 float: left;
23.                     /* 所有列表项目均向左浮动,形成横菜单效果 */
```

```
24.                    }
25.                #navigation li a
26.                {
27.                    display: block;
28.                    /* 超链接被设置成了块元素.当鼠标指针进入该块的任何部分时都会
         被激活,而不是仅在文字上方时才被激活. */
29.                    color: white;
30.                    padding: 15px;
31.                    text-decoration: none;
32.                }
33.                #navigation li a:visited
34.                {
35.                    /* 被访问过的样式 */
36.                    background-color: peru;
37.                    color: green;
38.                }
39.                #navigation li a:hover
40.                {
41.                    /* 鼠标经过时 */
42.                    background-color: blue;
43.                    color: #ffff00;
44.                }
45.        </style>
46.    </head>
47.    <body>
48.        <div id="navigation">
49.            <ul>
50.                <li><a href="#">首页</a></li>
51.                <li><a href="#">HTML 基础</a></li>
52.                <li><a href="#">CSS 基础</a></li>
53.                <li><a href="#">CSS+DIV 布局</a></li>
54.                <li><a href="#">HTML5 与 CSS3</a></li>
55.                <li><a href="#">JavaScript 编程</a></li>
56.            </ul>
57.        </div>
58.    </body>
59.</html>
```

图 5-25 横菜单效果

（3）二级横菜单效果

例 5-16 案例中介绍了横菜单的设计，但页面的宽度有限，则横菜单的个数受限，则需要采用多级菜单的方式，因为多级菜单占用空间小，使用更为广泛。本例介绍横向导航的二级菜单，基于上例横菜单进行修改。

【例 5-17】 二级横菜单案例，代码如下所示，页面显示效果如图 5-26 所示。

```
1.    <!DOCTYPE html>
2.    <html>
3.       <head>
4.          <meta charset = "utf-8">
5.          <title>二级菜单</title>
6.          <style type = "text /css">
7.             #navigation
8.             {
9.                font-family: Arial;
10.               font-size: 14px;
11.               text-align: right;
12.            }
13.            #navigation ul
14.            {
15.               list-style-type: none;
16.               margin: 0px;
17.               padding: 0px;
18.               overflow: auto;
19.            }
20.            #navigation li
21.            {
22.               background: #111111;
23.               float: left;
24.            }
25.            #navigation li a
26.            {
27.               display: block;
28.               color: white;
29.               padding: 15px;
30.               text-decoration: none;
31.            }
32.            #navigation li a:visited
33.            {
34.               background-color: peru;
35.               color: green;
36.            }
37.            #navigation li a:hover
38.            {
39.               background-color: blue;
```

```
40.              color: #ffff00;
41.          }
42.          #navigation li ul
43.          {
44.              display: none;
45.              border: 1px solid red;
46.          }
47.          #navigation li ul li
48.          {
49.              float: none;
50.              background: #333333;
51.              border-bottom: 1px solid #C0383B;
52.          }
53.          #navigation li:hover ul
54.          {
55.              /* 鼠标经过一级菜单时 */
56.              display: block;
57.          }
58.          #navigation li ul li a:hover
59.          {
60.              /* 鼠标经过二级菜单超链接时 */
61.              background-color: green;
62.              color: #ffff00;
63.          }
64.      </style>
65.  </head>
66.  <body>
67.      <div id="navigation">
68.          <ul>
69.              <li><a href="#">首页</a></li>
70.              <li><a href="#">HTML 基础</a>
71.                  <ul>
72.                      <li><a href="#">Web 标准</a></li>
73.                      <li><a href="#">HTML 基本结构</a></li>
74.                      <li><a href="#">HTML 标记</a></li>
75.                  </ul>
76.              </li>
77.              <li><a href="#">CSS 基础</a>
78.                  <ul>
79.                      <li><a href="#">CSS 概念</a></li>
80.                      <li><a href="#">CSS 语法</a></li>
81.                      <li><a href="#">CSS 引入方法</a></li>
82.                  </ul>
83.              </li>
84.              <li><a href="#">CSS+DIV 布局</a>
```

```
85.                          <ul>
86.                              <li><a href = "#">布局理念</a></li>
87.                              <li><a href = "#">固定宽度布局</a></li>
88.                              <li><a href = "#">百分比布局</a></li>
89.                          </ul>
90.                      </li>
91.                      <li><a href = "#">HTML5 与 CSS3</a></li>
92.                      <li><a href = "#">JavaScript 编程</a></li>
93.                  </ul>
94.              </div>
95.          </body>
96.  </html>
```

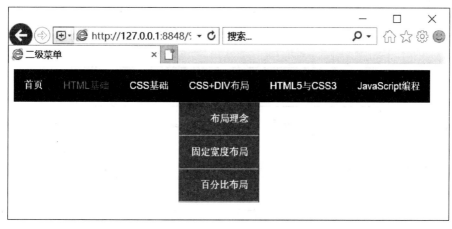

图 5-26　二级横菜单效果

5.5 ▶ CSS＋DIV 布局理念

　　CSS＋DIV 布局是经典的布局方式。使用 CSS＋DIV 布局，内容和表现可以分离，代码干净整洁、可读性好、便于维护，并且样式代码可以复用，提高了开发效率，同时分离后美工和网站开发人员也可以协同合作，提高了开发效率和网站的整体质量。

5.5.1　用 DIV 分块

　　首先，CSS＋DIV 布局需要设计者对页面有一个整体的框架规划，包括整个页面具体有哪些模块，各个模块之间的父子关系等。比如以最简单的框架为例，页面由 header、navigation、content、sideber、footer 组成。如图 5-27 所示。

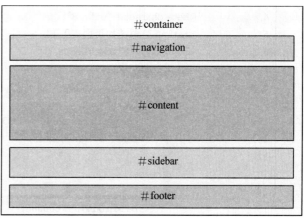

图 5-27　页面框架内容

5.5.2 用 CSS 布局

页面内容确定后，根据内容本身考虑整体的页面版型，如单列、两列、三列等。再利用 CSS 对各个块进行定位，实现对页面的整体规划，然后再往各个模块中添加内容。比如两列布局可如图 5-28 所示。

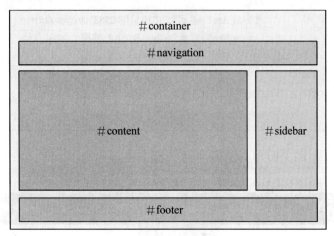

图 5-28　两列页面效果

5.6 ▶ 两列布局

两列布局是最经典的布局方式，结构简单，布局便捷。

5.6.1 基本结构

首先，是用 DIV 分块，为了基本区分各块，做最基本的背景和高度设置。

【例 5-18】　两列布局前的结构，代码如下所示，页面显示效果如图 5-29 所示。

```
1.   <!doctype html>
2.   <html>
3.       <head>
4.           <meta charset = "utf - 8">
5.           <title>简单结构页面</title>
6.           <style type = "text /CSS">
7.               #container
8.               {
9.                   background: #eeeeee;
10.                  border: 10px solid #333333;
11.                  text - align: center;
12.              }
13.              #header
14.              {
15.                  background: #666666;
16.                  height: 100px;
```

```
17.                  }
18.              #navigation
19.              {
20.                  background: #dddddd;
21.              }
22.              #sidebar
23.              {
24.                  height:400px;
25.                  background: #aaaaaa;
26.              }
27.              #main
28.              {
29.                  background: #cccccc;
30.                  height: 400px;
31.              }
32.              #footer
33.              {
34.                  height: 60px;
35.                  background: #666666;
36.              }
37.          </style>
38.      </head>
39.      <body>
40.          <div id = "container">
41.              <div id = "header"> header </div>
42.              <div id = "navigation"> navigation </div>
43.              <div id = "sidebar"> sidebar </div>
44.              <div id = "main"> main </div>
45.              <div id = "footer"> footer </div>
46.          </div>
47.      </body>
48.  </html>
```

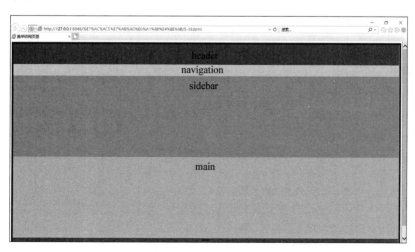

图 5 - 29　两列布局前的基本结构页面效果

页面中所有元素在标准文档流中自上而下排列。

5.6.2　固定宽度且居中的两列布局

固定宽度且居中的版式是最常见的经典排版方式之一，本小节利用 CSS 排版的方式制作通用的结构，并采用两种方法来实现。

整理好页面的框架后便可以利用 CSS 对各个块进行详细设定，实现对页面的整体规划，再往各个模块中添加内容。因为是固定宽度的页面，所以设置 container 宽度为 1200px，sidebar 与 main 的宽度分别为 350px，800px，并利用 float 浮动方式将 sidebar 与 main 放在一行内，给 body 的每个子盒子增加了 margin-bottom 与 padding。实现这样的布局有两种常用的方法。

（1）方法一

采用"margin:0 auto;"方法，使得 container 块与页面的上下边界为 0，左右自动调整，即为居中显示。这一句的完整写法是"margin:0 auto 0 auto"，这里采用了简写。

【例 5－19】　CSS 定位后的固定宽度且居中的案例，方法一代码如下所示，页面显示效果如图 5－30 所示。

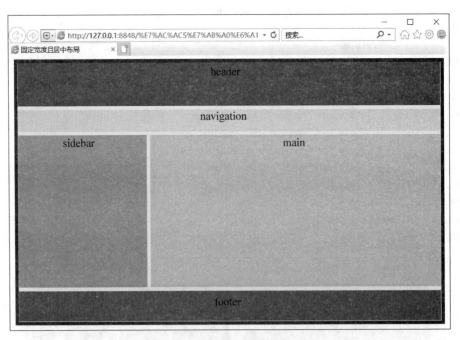

图 5－30　固定宽度且居中页面效果

```
1.    <!doctype html>
2.    <html>
3.        <head>
4.            <meta charset = "utf-8">
5.            <title>固定宽度且居中布局</title>
6.            <style type = "text /CSS">
7.                #container
```

```
8.             {
9.                 margin: 0 auto;
10.                padding: 0;
11.                width: 1200px;
12.                background: #eeeeee;
13.                border: 10px solid #333333;
14.                text-align: center;
15.            }
16.         #header
17.         {
18.                background: #666666;
19.                height: 100px;
20.                margin-bottom: 10px;
21.                padding: 10px;
22.         }
23.         #navigation
24.         {
25.                margin-bottom: 10px;
26.                background: #dddddd;
27.                height: 40px;
28.                padding: 10px;
29.         }
30.         #sidebar
31.         {
32.                height:400px;
33.                background: #aaaaaa;
34.                float: left;
35.                width: 350px;
36.                margin-bottom: 10px;
37.                padding: 10px;
38.         }
39.         #main
40.         {
41.                background: #cccccc;
42.                height: 400px;
43.                float: right;
44.                width: 800px;
45.                margin-bottom: 10px;
46.                padding: 10px;
47.         }
48.         #footer
49.         {
50.                clear: both;
51.                height: 60px;
52.                background: #666666;
```

```
53.                    padding: 1 % ;
54.                }
55.        </style>
56.     </head>
57.     <body>
58.         <div id = "container">
59.             <div id = "header"> header </div>
60.             <div id = "navigation"> navigation </div>
61.             <div id = "sidebar"> sidebar </div>
62.             <div id = "main"> main </div>
63.             <div id = "footer"> footer </div>
64.         </div>
65.     </body>
66. </html>
```

（2）方法二

还可以换一个角度来思考固定宽度且居中的布局问题。对于 ♯container，设置完宽度和 padding 后，相对于自己向右移动到页面的 50%处，如图 5-31 所示；再用"margin-left：-600px；"，即整个页面框架往回移动了一半的距离，如图 5-32 所示，从而实现了整体居中的页面效果。

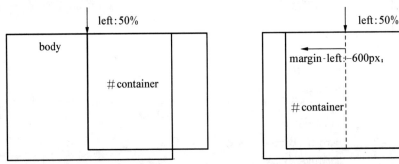

图 5-31   移动左边框至 50%处   图 5-32   往回移动 ♯container 宽度的一半

【例 5-20】   CSS 定位后的固定宽度且居中的案例，方法二关键代码如下所示。

```
1.   ♯container
2.   {
3.       padding: 0;
4.       width: 1200px;
5.       position: relative;
6.       left: 50 % ; / * 该块相对于自己向右移动 50 % * /
7.       margin - left: - 600px; / * 该块往左拉回 600 个像素 * /
8.       background: ♯eeeeee;
9.       border: 10px solid ♯333333;
10.      text - align: center;
11.  }
```

以上是固定宽度布局实现页面居中两种方法。当调整浏览器窗口的大小时，固定宽度的网页不会拉伸或缩小。尽管在不同分辨率的显示器上这种设计看上去会稍微不同,但是网页中元素的比例能够保持不变。

5.6.3　基于百分比设定的两列布局

　　还可以用百分比来设定盒子的宽度,此时网页会伸展以填满浏览器窗口。因此,当窗口很大时,在网页周围不会留下很大的空间;如果打开的浏览器窗口很小,网页就会收缩以适应窗口,为了查看网页的内容,不需要从左向右滚动网页。

　　【例 5 - 21】　百分比设定两列布局案例,代码如下所示,页面显示效果如图 5 - 33 所示。

```
1.  <!doctype html>
2.  <html>
3.      <head>
4.          <meta charset = "utf - 8">
5.          <title>百分比设定盒子宽度</title>
6.          <style type = "text /CSS">
7.              #container
8.              {
9.                  background: #eeeeee;
10.                 border: 10px solid #333333;
11.                 text - align: center;
12.             }
13.             #header
14.             {
15.                 background: #666666;
16.                 height: 100px;
17.                 margin - bottom: 10px;
18.                 padding: 1 % ;
19.             }
20.             #navigation
21.             {
22.                 margin - bottom: 10px;
23.                 background: #dddddd;
24.                 height: 40px;
25.                 padding: 1 % ;
26.             }
27.             #sidebar
28.             {
29.                 height:400px;
30.                 background: #aaaaaa;
31.                 float: left;
32.                 width: 30 % ;
33.                 margin - bottom: 10px;
34.                 padding: 1 % ;
35.             }
36.             #main
```

```
37.          {
38.                background: #cccccc;
39.                height: 400px;
40.                float: right;
41.                width: 65%;
42.                margin - bottom: 10px;
43.                padding: 1%;
44.          }
45.          #footer
46.          {
47.                clear: both;
48.                height: 60px;
49.                background: #666666;
50.                padding: 1%;
51.          }
52.       </style>
53.    </head>
54.    <body>
55.       <div id = "container">
56.          <div id = "header"> header </div>
57.          <div id = "navigation"> navigation </div>
58.          <div id = "sidebar"> sidebar </div>
59.          <div id = "main"> main </div>
60.          <div id = "footer"> footer </div>
61.       </div>
62.    </body>
63. </html>
```

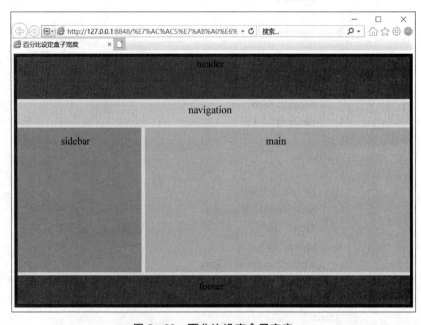

图 5 - 33　百分比设定盒子宽度

在百分比布局中,需要注意的是不仅是 width 需要设置为百分比值,影响盒子宽度的 margin 和 padding 也需要设置为百分比值。并且几者之和不能超过 100%,否则右边的子盒子会被挤到下一行。

5.7 三列布局

两列布局是较为简单的布局方式,那三列布局如何实现呢? 同样可以分为固定宽度和基于百分比设定的两种情况来考虑。

5.7.1　固定宽度且居中的三列布局

【例 5 - 22】　固定宽度且居中的三列布局案例,页面效果如图 5 - 34 所示。

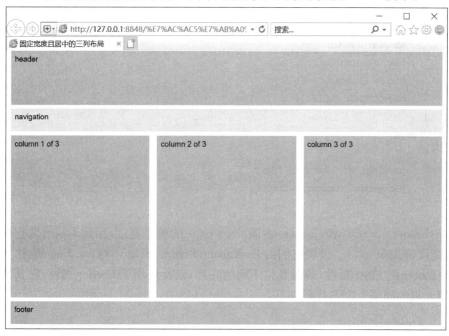

图 5 - 34　固定宽度且居中的三列布局页面效果

为了便于对页面元素的控制,添加了两个用于包裹子元素的<div>,其中 HTML 部分代码如下:

```
1.  <body>
2.      <div id = "frame">
3.          <div id = "page">
4.              <header id = "header"> header </header>
5.              <nav id = "navigation"> navigation </nav>
6.              <div class = "column1of3"> column 1 of 3 </div>
7.              <div class = "column2of3"> column 2 of 3 </div>
8.              <div class = "column3of3"> column 3 of 3 </div>
9.              <footer id = "footer"> footer </footer>
10.         </div>
```

```
11.        </div>
12.    </body>
```

首先编写<body>和两个<div>元素的样式规则,规定 div#frame 的宽度及对齐方式,规定 div#page 的内边距,CSS 代码如下:

```
1.    body
2.    {
3.        margin: 0px;
4.        font-family: arial, verdana, sans-serif;
5.        text-align: center;
6.        font-size: 20px;
7.    }
8.    #frame
9.    {
10.        margin: 0 auto;
11.        text-align: left;
12.        width: 1170px;
13.        background: #036;
14.    }
15.    #page
16.    {
17.        padding: 0px 10px 10px 10px;
18.        background-color: #ffffff;
19.    }
```

由于<header>、<nav>和<footer>占满 div#page 的整个宽度,因此不需要为它们指定宽度(默认宽度值为 100%)。设置它们的 background-color、height 与 padding 属性,另外特别设置了#footer 的 clear 属性,确保其位于列的底部,以及使用了 border 属性,在其顶部创建了和上面元素的间隔。CSS 代码如下:

```
1.    #header
2.    {
3.        background-color: #cccccc;
4.        height: 120px;
5.        padding: 10px;
6.    }
7.    #navigation
8.    {
9.        border-top:10px solid #ffffff;
10.        background-color: #efefef;
11.        height: 40px;
12.        padding: 10px;
13.    }
14.    #footer
15.    {
```

```
16.      background - color: #cccccc;
17.      height: 40px;
18.      padding: 10px;
19.      clear: both;
20.      border - top: 10px solid #ffffff;
21.   }
```

最后，是处理页面中的 3 列。为了使这 3 列能完美呈现，首先运用了 float 属性，其次恰当的设置了三列的 width、padding 以及 margin-right 等属性。CSS 代码如下：

```
1.   .column1of3, .column2of3, .column3of3
2.   {
3.      float: left;
4.      width: 350px;
5.      background - color: #cccccc;
6.      padding: 10px;
7.      margin - top: 10px;
8.      height: 400px;
9.   }
10.  .column1of3, .column2of3
11.  {
12.     margin - right: 20px;
13.  }
```

此案例中，三列子盒子的宽度计算方法如下：

(1170(总宽度)$-10 * 2$(#page 的左右 padding)$-20 * 2$(左侧两列盒子的右外边距)$-20 * 3$(三列盒子的左右 padding))$/3 = 350px$。

在设置具体元素的 width、padding 和 margin 时应该取适当的值，使其总和值等于 div # frame 的宽度。

根据这样的计算方法，可以设置 4 列、6 列甚至更多列的布局。还可以在 3 列布局中，合并其中的两列，构成新的 2 列布局。

5.7.2　基于百分比设定的三列布局

同例 5 - 21 类似，将各个盒子的 width、margin-right、margin-left、padding-left、padding-right 设定为百分比值即可。

【例 5 - 23】　基于百分比设定的三列布局案例，代码如下所示，效果图如图 5 - 35 所示。

```
1.   <!DOCTYPE html>
2.   <html>
3.      <head>
4.         <meta charset = "utf - 8">
5.         <title>基于百分比设定的三列布局</title>
6.         <style type = "text /css">
7.            body
8.            {
```

```
9.                    margin: 0px;
10.                   font - family: arial, verdana, sans - serif;
11.                   text - align: center;
12.                   font - size: 20px;
13.              }
14.          # header
15.          {
16.                   background - color: # cccccc;
17.                   height: 120px;
18.                   margin: 0 1 % ;
19.          }
20.          # navigation
21.          {
22.                   border - top: 10px solid # ffffff;
23.                   background - color: # efefef;
24.                   height: 40px;
25.                   margin: 0 1 % ;
26.          }
27.          # footer
28.          {
29.                   background - color: # cccccc;
30.                   height: 40px;
31.                   margin: 0 1 % ;
32.                   clear: both;
33.                   border - top: 10px solid # ffffff;
34.          }
35.          .column1of3,.column2of3,.column3of3
36.          {
37.                   float: left;
38.                   width: 31.3 % ;
39.                   background - color: # cccccc;
40.                   margin: 10px 1 % 0;
41.                   height: 260px;
42.                   max - width: 610px;
43.                   min - width: 200px;
44.          }
45.          # columns123
46.          {
47.                   min - width: 700px;
48.          }
49.      </style>
50.  </head>
51.  <body>
52.      <header id = "header"> header </header>
53.      <nav id = "navigation"> navigation </nav>
```

```
54.        <div id = "columns123">
55.            <div class = "column1of3"> column 1 of 3 </div>
56.            <div class = "column2of3"> column 2 of 3 </div>
57.            <div class = "column3of3"> column 3 of 3 </div>
58.            <footer id = "footer"> footer </footer>
59.        </div>
60.    </body>
61. </html>
```

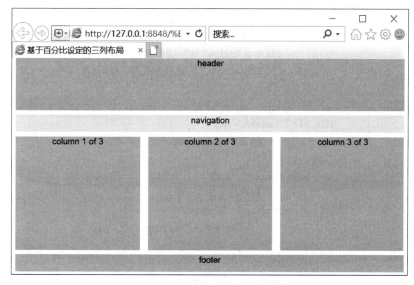

图 5 - 35　基于百分比设定的三列布局页面效果

5.8　实例

【例 5 - 24】　网站首页案例,代码如下,页面显示效果如图 5 - 36 所示。

HTML 部分代码如下:

```
1.  <! DOCTYPE html>
2.  <html>
3.      <head>
4.          <meta charset = "utf - 8" />
5.          <title></title>
6.          <link rel = "stylesheet" href = "css /new_file.css" />
7.      </head>
8.      <body>
9.          <!-- 网页上部分 -->
10.         <div id = "header">
11.             <div id = "header - img">
12.                     Web 前端开发
13.             </div>
14.             <div id = "header - font">
```

```
15.                   知识点:<span> HTML、CSS、JS </span>
16.               </div>
17.               <div class = "clear"></div>
18.           </div>
19.           <!-- 网页中间部分 -->
20.           <div id = "content">
21.               <div id = "content - nav">
22.                   <ul>
23.                       <li><a href = "#">课程安排</a></li>
24.                       <li><a href = "#">新闻动态</a></li>
25.                       <li><a href = "#">学习资料</a></li>
26.                       <li><a href = "#">项目案例</a></li>
27.                       <li><a href = "#">在线留言</a></li>
28.                   </ul>
29.               </div>
30.               <div id = "content - img">
31.                   <!-- <img src = "img /banner.png" /> -->
32.               </div>
33.               <div id = "content - body">
34.                   <p>最新产品</p>
35.                   <div class = "tpstyle">
36.                       <img src = "img /content1.jpg" />
37.                       <p>精品教材</p>
38.                   </div>
39.                   <div class = "tpstyle">
40.                       <img src = "img /content2.jpg" />
41.                       <p>线上直播</p>
42.                   </div>
43.                   <div class = "tpstyle">
44.                       <img src = "img /content3.jpg" />
45.                       <p>经典案例</p>
46.                   </div>
47.                   <div class = "clear" />
48.               </div>
49.           </div>
50.           <!-- 网页下部分 -->
51.           <div id = "footer">
52.               <p> Copyright 2019 - 2020 ♂web 前端开发 All Rights Reserved </p>
53.           </div>
54.       </body>
55.   </html>
```

HTML 结构:

● header 部分包括网站 Logo、快速链接等;

● content 部分包含导航和主体内容;

● footer 部分包括版权信息.

CSS 部分代码如下：

```
1.    body{
2.        width: 100%;
3.        margin: 0px;
4.        padding: 0px;
5.    }
6.    #header{
7.        text-align: right;
8.        height: 70px;
9.        width: 100%;
10.   }
11.   #header-img{
12.       height:100%;
13.       width: 30%;
14.       padding-top: 30px;
15.   float: left;
16.   font-size:40px;
17.   color: #FF0000;
18.   }
19.   #header-font{
20.       font-size: 15px;
21.       height:100%;
22.       width: 60%;
23.       float: left;
24.       padding-top: 30px;
25.   }
26.   #header-font span{
27.       color: red;
28.   }
29.   #content{
30.       height: 800px;
31.       width: 100%;
32.       margin-top: 30px;
33.   }
34.   #content-nav{
35.       height: 50px;
36.       width: 100%;
37.       background-color: #D81406;
38.   }
39.   #content-nav ul{
40.       height: 50px;
41.       width: 70%;
42.       margin-left: 300px;
43.       font-size:smaller;
44.   }
45.   #content-nav ul li{
```

```
46.        list-style-type: none;
47.        background: url(../img/nav_line.png) no-repeat right 3px;
48.        float: left;
49.        height: 40px;
50.        width: 100px;
51.        margin-right: 70px;
52.        padding-top: 10px;
53.        line-height: 30px;
54.
55.    }
56.    #content-nav ul .noline{
57.        background: none
58.    }
59.    #content-nav ul li a{
60.        color: white;
61.        text-decoration: none;
62.    }
63.    #content-nav ul li a:hover{
64.        text-decoration:underline;
65.    }
66.    #content-img{
67.        height: 400px;
68.        width: 1050px;
69.        margin: auto;
70. background-image: url(../img/banner.jpg);
71. background-size: 100% 100%;
72. background-repeat: no-repeat;
73.    }
74.    #content-body{
75.        width:1050px;
76.        margin: auto;
77.        padding: 0px;
78.    }
79.    #content-body p{
80.        color: #666666;
81.        font-size: 25px;
82.        text-align:center;
83.        padding-top:20px ;
84.    }
85.    #content-body .tpstyle{
86.        width: 320px;
87.        height: 197px;
88.        background-color: #A8A8A8;
89.        float: left;
90.        margin-right: 20px;
91.    }
```

```
93.  # content - body . tpstyle img{
94.      height: 160px;
95.      width: 100%;
96.      display: block;
97.  }
98.  # content - body . tpstyle p{
99.      height: 40px;
100.     text - align: left;
101.     background: url(.. /img /arr. png) no - repeat right top;
102.     margin: 0px;
103.     line - height: 20px;
104.     padding - top: 10px;
105.     color: white;
106.     font - size: 10px;
107. }
108. # footer{
109.     height: 50px;
110.     width: 100%;
111.     background - color: #393631;
112.     text - align: center;
113.     color: white;
114. }
115. # footer p{
116.     padding - top:15px ;
117. }
118. /* 类标签~~~~~~~~~~~~~~~~~~~~~~~~~~~~~~~~~~~~~~~~~~~~~~~~~
         ~~~~~~~~~~~~~~~ */
119. .clear{
120.     clear: both;
121. }
```

图 5 - 36　页面效果

5.9 本章小结

本章的重点介绍的是 CSS 的盒子模型的四要素、标准文档流,基于 CSS+DIV 的布局理念,固定宽度且居中的两列布局、三列布局的方法,基于百分比设定的两列布局、三列布局的方法.

本章知识点如图 5-37 所示.

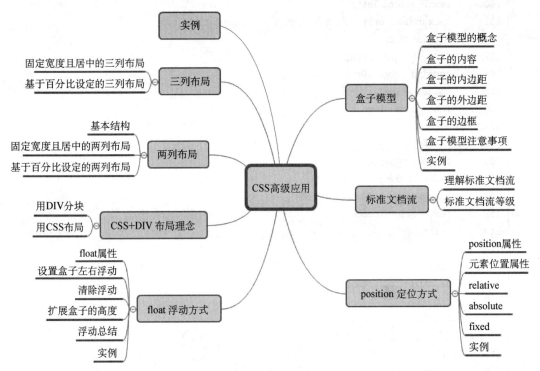

图 5-37　CSS 高级应用知识点

5.10 拓展训练

(1) 关于页面中盒子的说法,错误的是(　　).

　　A. 页面中占据的空间往往和单纯的内容一样大

　　B. 页面中的元素都可以看成是一个盒子

　　C. 一个页面由很多个盒子组成,这些盒子之间相互影响

　　D. 可以通过调整盒子的边框和距离等参数,来调节盒子的位置和大小

(2) (　　)用来隔离自身与其他元素.

　　A. 内容　　　　　B. margin　　　　　C. padding　　　　　D. border

(3) 盒子模型中,(　　)是元素框的最内部分.

　　A. 内容　　　　　B. margin　　　　　C. padding　　　　　D. border

(4) 如下 div 的样式规则设置,此 div 的总宽度为(　　).

```
div {
    width: 500px;
    height:200px;
    border: 25px solid green;
    padding: 25px;
    margin: 25px;}
```

A. 500px   B. 650px   C. 600px   D. 750px

(5) 默认情况下背景图像是以 padding 的( )为基准点在盒子中平铺的。

  A. 右上角   B. 中心   C. 左上角   D. 右下角

(6) 边框的样式由( )来设定。

  A. border-width   B. border-color

  C. border-style   D. bordertop

(7) position 属性用于指定一个元素在文档中的定位方式,下列哪一种属性值不是其定位方式。( )。

  A. static   B. absolute   C. relative   D. left

(8) 当盒子的 position 值为 absolute 时,下列说法中错误的是( )。

  A. 使用绝对定位的盒子以它的"最近"的一个"已经定义"的"祖先元素"为基准进行偏移

  B. 如果没有已经定义的祖先元素,那么会以父元素为基准进行定位

  C. 绝对定位的盒子从 标准流中脱离

  D. 绝对定位的盒子偏移的距离通过 top、left、bottom 和 right 属性确定

(9) 关于 float 浮动正确的说法,( )是不正确的。

  A. "float"属性,默认为"none",即"不浮动",也就是在标准流中的通常情况

  B. 当一个 div 设置为向左或向右浮动后,它的宽度还是默认的 100%

  C. 如果将 float 属性的值设置为"left"或者"right",元素就会向其父元素的左侧或右侧靠紧

  D. 默认情况下(没有设置 width 属性的情况)设置为左浮动的盒子,其宽度不再伸展,而是收缩,根据盒子里面的内容的宽度来确定

(10) 使用 clear 属性清除浮动的影响,下列说法错误的是( )。

  A. clear 属性除了可以设置为 left 或 right 之外,还可以设置为 both,表示同时消除左右两边的影响

  B. clear 属性的属性值有 none 、right、left 和 both

  C. clear 属性的设置要放到浮动盒子后面的想清除浮动的盒子里

  D. clear 属性的设置要放到浮动的盒子里

【微信扫码】
本章参考答案 & 相关资源

第六章

HTML5 与 CSS3

6.1 ▶ HTML5 新特性简介

HTML5 是构建 Web 内容的一种语言描述方式。HTML5 是互联网的下一代标准,是构建以及呈现互联网内容的一种语言方式,被认为是互联网的核心技术之一。广义地论及 HTML5 时,实际指的是包括 HTML、CSS 和 JavaScript 在内的一套技术组合。它希望能够减少浏览器对于需要插件的网络应用服务,并且提供更多的、能有效增强网络应用的标准集。

6.1.1 HTML5 的新特性

HTML5 将 Web 带入一个成熟的应用平台,在这个平台上,视频、音频、图像、动画以及与设备的交互都进行了规范。在 HTML5 标准中,加入了很多新的、多样的内容描述标记,直接支持表单验证、视频音频标签、网页元素的拖拽、离线存储和工作线程等功能。

HTML5 的目标是简单化,其口号是"简单至上,尽可能简化"。因此,HTML5 的新特性主要有以下几点:

(1) 取消了一些过时的 HTML4 标记

例如 br、hr、font、center、u、strike 等效果标记被完全去掉了,被 CSS 完全取代;HTML5 中不支持 frame 框架,只支持 iframe 框架,不再使用如 frameset、frame、noframes 等标记。

(2) 去掉了 JavaScript 和 CSS 标签中的 type 属性

在 HTML5 之前,通常会在<link>和<script>标签中添加 type 属性,例如:

```
<link rel = "stylesheet" type = text /css href = "stylesheet.css">
<script type = "text /javascript"></ /script>
```

在 HTML5 中,不再使用 type 属性,这样可以使代码更为简洁,例如:

```
<link rel = "stylesheet" href = " stylesheet.css">
<script></ /script>
```

（3）将内容和展示分离

标记 b 和 i 依然保留，但它们的意义与之前有所不同，这些标记的含义只是为了将一段文字标识出来，而不是为了将它们设置粗体或斜体样式，其具体的样式需要在 CSS 代码中进行设置。

（4）HTML5 简化了文档类型和字符编码

● 新的 DOCTYPE

HTML5 之前的 DOCTYPE 代码冗长：

```
<!DOCTYPE html PUBLIC " - //W3C //DTD XHTML 1.0 Transitional //EN"
"http://www.w3.org /TR /xhtml1 /DTD /xhtml1 - transitional.dtd">
```

而在 HTML5 中的 DOCTYPE 简单、美观、书写方便，其语法如下：

```
<!DOCTYPE html>
```

● 新的字符集

在 HTML5 之前，通过 http-equiv 和 content 属性来设置页面的字符集代码：

```
<meta http - equiv = "Content - Type" content = "text /html; charset = utf - 8" />
```

在 HTML5 中，可以简化字符集代码的设置，只需写为：

```
<meta charset = "utf - 8" />
```

6.1.2 HTML5 新的语义化标记

我们一般使用 DIV＋CSS 的页面布局方式，搜索引擎在搜索页面内容的时候，它只能猜测某个 div 中内容是内容容器，还是导航模块的容器，或者是作者介绍的容器等。也就是说整个 HTML 文档结构定义不清晰，HTML5 为了解决这个问题，专门添加了页眉、页脚、导航和文章内容等跟结构相关的结构元素标签，目前在一些主流浏览器已经可以使用。

表 6-1 列出了 HTML5 中新增加的较常用的语义化标记元素。

表 6-1 HTML5 的语义化标记

元素名	描　述
header	标记头部区域内容
footer	标记脚部区域内容
article	独立的文章内容
aside	相关内容或引文
nav	导航类辅助内容

使用新语义标签的布局方式，其结构如图 6-1 所示，整体布局具有统一的标准，并且文档结构和内容比较清晰。

例如，下面的代码使用了表 6-1 中的部分标记，代码显示效果如图 6-2 所示。CSS 样式可以参照课程资源代码。

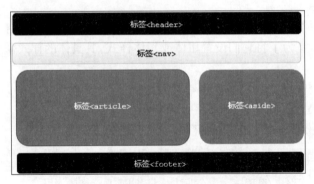

图 6 - 1　HTML5 结构元素布局

```
1.    <body>
2.      <div id = "container">
3.        <header>
4.          <h1>人类历史上从未有 1 例传染病控制靠群体免疫< /h1>
5.        < /header>
6.        <section id = "main">
7.          <article>
8.            <hgroup>
9.              <h2>张文宏教授:防控新冠肺炎疫情视频讲座< /h2>
10.             <h3> 2020 年 4 月 15 日< /h3>
11.           < / hgroup>
12.           <section>
13.             <p> 4 月 15 日下午,我驻欧盟使团、驻比利时、荷兰、卢森堡使馆与上海市
      外办联合组织防控新冠肺炎疫情视频讲座,经上海市卫健委协调,邀请上海新冠肺炎医疗救
      治专家组组长、复旦大学附属华山医院感染科主任张文宏教授与在欧中资企业、华人华侨、留
      学生进行交流,答疑释惑。  < / p>
14.             <p> 新华社欧洲总分社记者于跃提出,目前欧洲国家正酝酿解封,与中国
      不同的是,一些国家提出恢复中小学上课是第一步。一旦首先复课,在欧中国人是否应该把
      孩子送去学校?一般疫情降低到什么标准可以 让孩子去学校上学呢? < / p>
15.             <p>...........................................<p>
16.             <p>...........................................<p>
17.           < /section>
18.         < /article>
19.         <aside>
20.           <ul>
21.             <li>  <a href = "zt /2015zhifu /">习近平:团结合作是国际社会战
      胜疫情最有力武器 < /a>   < /li>
22.             <li>  <a href = "zt /2015taobao /">美国确诊病例超 63 万 死亡
      27850 例< /a> < /li>
23.             <li>  <a href = "zt /2015expectation /">中国援缅医疗专家组深
      入缅甸抗疫一线 分享防疫经验< /a>   < /li>
24.             <li>  <a href = "zt /2014pandian /">钟南山建议香港追踪密接者
      否则或致疫情二次暴发 < /a>   < /li>
```

25.　　　　　　　　　　`<li> <a href = "zt /20141111 /">`多篇"多地渴望回归中国"文章引争议 涉事公司注销`</a>  </li>`

26.　　　　　　　　　　`<li> <a href = "zt /2014shcb /">`港台腔:维护国家安全是香港社会的共同责任`</a></li>`

27.　　　　　　　　　　`<li> <a href = "zt /wganq /">`中疾控:影剧院游戏厅等仍暂不开业 展览展会暂停`</a>  </li>`

28.　　　　　　　　　　`<li> <a href = "zt /sn818 /">`国家卫健委:武汉现有确诊病例降至200例以下`</a>  </li>`

29.　　　　　　　　　　`<li>  <a href = "zt /dssj/">`从电商平台第三方卖家奢侈品售假揭电商假货之觞 引行业地震`</a>  </li>`

30.　　　　　　　　`</ul>`

31.　　　　　　`</aside>`

32.　　　　　`</section>`

33.　　　　　`<footer>`

34.　　　　　　　`<nav>`

35.　　　　　　　　`<ul>`

36.　　　　　　　　　`<li>`关于我们`</li>`

37.　　　　　　　　　`<li>`联系我们`</li>`

38.　　　　　　　　　`<li>`投稿撤稿`</li>`

39.　　　　　　　　　`<li>`友情链接`</li>`

40.　　　　　　　　　`<li>`免责声明`</li>`

41.　　　　　　　　　`<li>`人才招聘`</li>`

42.　　　　　　　　　`<li>`独家专题`</li>`

43.　　　　　　　　`</ul>`

44.　　　　　　　`</nav>`

45.　　　　　`</footer>`

46.　　　`</div>`

47.　`</body>`

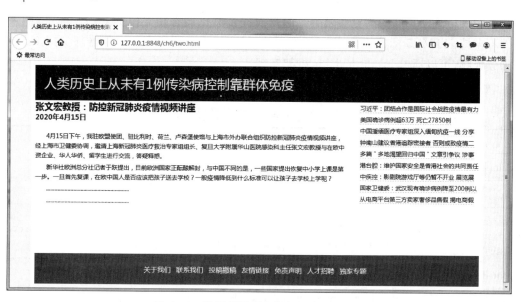

图6-2　使用新的语义化标记布局的页面

6.1.3 HTML5 音频及视频

在 HTML5 之前,HTML 处理的对象只有文本和图像,对于音视频的处理一般通过插件 (例如 Flash 文件)来显示的,然而,并非所有浏览器都支持该插件。因为音频和视频文件在页面中应用较多,对于如何在页面中嵌入音频和视频,HTML5 规定了一种通过<audio>... </audio>和<video>...</video>标记来嵌入音频和视频的标准方法。我们只需要提供音频及视频文件,再通过<audio>和<video>标记将文件插入到网页中,在不要任何插件的情况下,大部分浏览器都可以播放音视频文件。

(1) HTML5 视频

<video>标签功能是在 Web 页面实现视频播放。

语法格式1:

```
<video src = "视频路径" type = "视频格式">< /video>
```

语法格式 2:

```
<video width = "320" height = "240" controls>
    <source src = "movie.mp4" type = "video /mp4">
    <source src = "movie.webm" type = "video /webm">
    <source src = "movie.ogg" type = "video /ogg">
    您的浏览器不支持 Video 标签.
< /video>
```

参数说明:<video> 标签支持的 3 种文件格式:mp4、webm、ogg;视频格式的 type 类型分别是 video/mp4,video/webm,video/ogg。

video 标签之所以设置第二种格式,是因为五大浏览器厂商(IE、Firefox、Chrom、Safari、Opera)都不愿意支持别人的视频格式,所以导致没有一种视频格式是所有浏览器都支持的;通过第二种格式使不同的浏览器兼容。但是前提是浏览器必须支持 HTML5 标签,如果浏览器不支持 HTML5 标签的话,视频依然无法播放,如果想要所有的浏览器都支持 video 标签播放视频,可以通过 html5media.js 框架实现。

<video>标签的常用属性如表 6-2 所示。

表 6-2 <video>标签的常用属性

属　性	描　述
autoplay	如果出现该属性,则视频在就绪后马上播放。
src	video 标签要播放的视频的 URL。
controls	如果出现该属性,则向用户显示控件,比如播放按钮。
poster	如果出现该属性,视频未播放时,显示的占位图片
muted	静音效果
loop	如果出现该属性,则媒介文件循环播放。

续表

属　　性	描　　述
preload	如果出现该属性，则预加载视频。如果使用"autoplay"，则忽略该属性。
height	设置视频播放器的高度。
width	设置视频播放器的宽度。

　　下面使用<video>格式 1 在网页中插入视频文件，代码如下所示。在本例中演示了<video>标签的常用属性。因格式 2 的使用方法基本和格式 1 一样，只是为了实现兼容性，所以以下示例仅仅演示格式 1。

　　【例 6-1】　使用<video>标签在网页中插入视频文件，实现自动播放和显示控件的功能，页面效果如图 6-3 所示。

```
1.   <div>
2.       <h3>自动播放</ h3>
3.       <video src = ". /image /三位老人.mp4" type = "video /mp4 /" autoplay = "autoplay">
     </ /video>
4.   </ /div>
5.   <div>
6.       <h3>播放控件</ h3>
7.       <video src = ". /image /三位老人.mp4" type = "video /mp4 /" controls = "controls">
     </ /video>
8.   </ /div>
```

图 6-3　HTML5 视频播放页面 1

　　【例 6-2】　使用<video>标签在网页中插入视频文件，实现占位图片和静音效果的功能，页面效果如图 6-4 所示。

```
1.   <div>
2.       <h3>占位图片</ h3>
3.       <video src = ". /image /oceans.mp4" type = "video /mp4 /" controls = "controls"
     poster = ". /image /showimg.png"></ /video>
4.   </ /div>
5.   <div>
```

```
6.          <h3>静音效果</h3>
7.              <video src = ". /image /oceans. mp4" type = "video /mp4 /" controls = "controls"
    muted = "muted"></video>
8.      < /div>
```

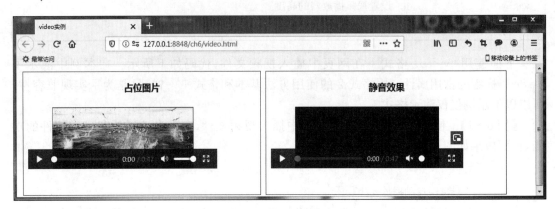

图 6-4 HTML5 视频播放页面 2

【例 6-3】 使用<video>标签在网页中插入视频文件,实现循环播放和预加载的功能,
页面效果如图 6-5 所示。

```
1.      <div>
2.          <h3>循环播放</h3>
3.              <video src = ". /image /oceans. mp4" type = "video /mp4 /" controls = "controls"
    loop = "loop"></video>
4.      < /div>
5.      <div>
6.          <h3>预加载</h3>
7.              <video src = ". /image /oceans. mp4" type = "video /mp4 /" controls = "controls"
    preload = "auto"></video>
8.      < /div>
```

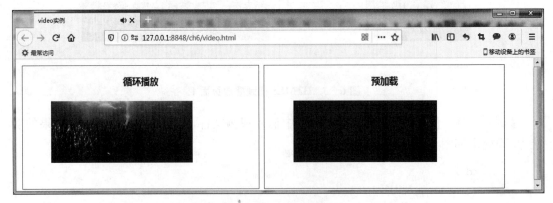

图 6-5 HTML5 视频播放页面 3

(2) HTML5 音频

<audio>标签功能是实现音频播放。

语法格式1：

```
<audio src = "音频路径" type = "音频格式"></audio>
```

语法格式2：

```
<audio>
    <source src = "XXX. mp3" type = "audio /mpeg">
    <source src = "XXX. ogg" type = "audio /ogg">
    <source src = "XXX. wav" type = "audio /wav">
    您的浏览器不支持 audio 标签.
</audio>
```

说明：<audio> 元素支持的 3 种文件格式：MP3、Ogg、Wav；音频格式的 type 类型分别是 audio/mpeg，audio/ogg，audio/wav；音频标签<audio>提供两种格式的原因和视频标签一样，都是为了兼容不同的浏览器。

<audio>标签的常用属性如表 6 - 3 所示：

表 6 - 3 <audio>标签的常用属性

属　　性	描　　述
autoplay	如果出现该属性，则音频在就绪后马上播放。
controls	如果出现该属性，则向用户显示控件，比如播放按钮。
loop	如果出现该属性，则当媒介文件完成播放后再次开始播放。
preload	如果出现该属性，则音频在页面加载时进行加载，并预备播放。如果使用"autoplay"，则忽略该属性。
src	要播放的音频的 URL。

【例 6 - 4】 使用<audio>格式 1 在网页中插入音频文件，代码如下所示，页面效果如图 6 - 6所示。

```
1.   <!DOCTYPE html>
2.   <html>
3.       <head>
4.           <meta charset = "utf - 8">
5.           <title> audio 实例< /title>
6.           <style>
7.               div
8.               {
9.                   width: 300px;
10.                  border:1px #008000 solid;
11.                  float: left;
12.                  margin: auto 5px;
13.                  height: 80px;
14.                  min - height: 80px;
15.                  padding: 10px;
```

```
16.                    }
17.           </style>
18.      </head>
19.      <body>
20.           <div>
21.              <!-- //自动播放 -->
22.                <audio src = ". / image /MONACA. mp3" type = "audio /mpeg" autoplay = "
    autoplay"></audio>
23.           </div>
24.           <div>
25.              <!-- //添加播放控件 -->
26.                <audio src = ". / image /MONACA. mp3" type = "audio /mpeg" controls = "
    controls"></audio>
27.           </div>
28.           <div>
29.              <!-- //预加载 -->
30.                <audio src = ". / image /MONACA. mp3" type = "audio /mpeg" controls = "
    controls" preload = "auto"></audio>
31.           </div>
32.           <div>
33.              <!-- //循环播放 -->
34.                <audio src = ". / image /MONACA. mp3" type = "audio /mpeg" controls = "
    controls" loop = "loop"></audio>
35.           </div>
36.      </body>
37. </html>
```

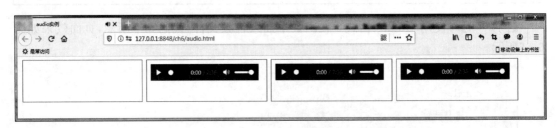

图 6 - 6　audio 标签效果

代码中第 22 行实现了自动播放 autoplay 的属性,因没有显示控件 controls,在页面中没有显示内容,代码 26,30,34 行均实现了显示控件的属性,同时 30 行实现预加载的功能,34 行实现了循环播放的设定。

6.1.4　HTML5 画布

一直以来,HTML 页面的动态表现能力都是比较弱的。但是,在 HTML5 中借助 canvas 标记,开发人员可以使用 JavaScrip 在浏览器中以编程方式创建图片和动画。不论是简单还是复杂的图形,都可以通过 canvas 创建出来。

canvas 的概念最初由苹果公司提出,canvas 本质上是一个画布,画布是一个矩形区域,可以控制页面中的每一个像素。canvas 拥有多种绘制路径、矩形、圆形、字符以及添加图像的方法,其中,绘制的图形是不可缩放的。

作为一个容器元素,canvas 只是一块提供给开发人员在其中绘画的白板,如不设置属性值,其默认的宽度是 300,高度是 150。

基本 canvas 标记的使用方法如下,页面显示效果如图 6-7 所示。

```
<canvas id = "mc" width = "260" height = "200" style = "border:2px solid #FF0000;">
    <p>您的浏览器不支持此标记!</p>
</canvas>
```

上述代码在页面使用 canvas 标记,规定宽度、高度以及边框的样式,同时设定其 id;当浏览器不支持 canvas 标记时,在浏览器中显示 p 标记中的提示文本。

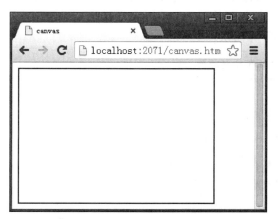

图 6-7　canvas 标记

图 6-8　canvas 画布的使用

【例 6-5】　创建一个 300 * 200 像素的画布,通过 JavaScrip 在浏览器中以编程方式在画布上绘制一个 100 * 100 像素的正方形,填充色为绿色,显示效果如图 6-8 所示。

```
1.   <html>
2.   <body>
3.       <canvas id = "mc" width = "300" height = "200" style = "border: 2px solid #
     FF0000;">
4.           <p>您的浏览器不支持此标记!</p>
5.       </canvas>
6.   <script type = "text /javascript">
7.           var c = document.getElementById("mc");
8.           var cxt = c.getContext("2d");
9.           cxt.fillStyle = "#00FF00";
10.          cxt.fillRect(50,50,100,100);
11.      </script>
12.  </body>
13.  </html>
```

代码中通过 canvas 元素对象的 getContext 方法来获取上下文对象,同时得到的还有一些画图需要调用的函数;getContext("2d")是内建的 HTML5 对象,接受一个用于描述其类型的值作为参数,即括号内的"2d"或者"3d"(目前不支持 3d),注意 3d 要写为小写字母,写为大写可能会出错;cxt.fillStyle = "#00FF00"语句是设置填充颜色为绿色;cxt.fillRect(50,50,100,100)语句可以绘制带填充颜色的矩形;cxt.fillRect(x,y,width,height)前两个参数(x,y)用于设定矩形左上角的坐标,后两个参数设置矩形的高度和宽度。

6.1.5 HTML5 拖放

页面的拖放操作能够帮助开发者创建更为直观、易于操作的页面。拖放是一种常见的操作,即抓取对象以后拖到另一个位置。

在 HTML5 中,拖放是标准的一部分,图片、列表、超链、文件等元素都能够实现拖放,能够接收源对象的元素可以作为拖放的目标,而图片无法接收源对象。拖放操作的过程是首先设置元素的 draggable 属性为 true,通过此项操作使对象具有被拖放的功能,然后指定另外一个对象来允许源对象释放,最后在有对象释放时再执行一段代码完成释放。

HTML5 中规定了不同的拖放事件,如表 6-4 所示。

表 6-4 HTML5 中的拖放事件

事 件	描 述
ondragstart	被拖动对象被拖动时触发
ondragend	被拖动对象停止拖动时触发
ondragenter	被拖动对象移动到目的地时触发
ondragover	被拖动对象拖到到目的地时触发
ondragleave	被拖动对象拖出目的地时触发
ondrop	拖动对象成功至目的地并释放时触发
ondrag	拖动对象时触发,可持续发生

【例 6-6】 实现对象的简单拖放,代码如下,显示效果如图 6-9 所示。

```
1.    <!DOCTYPE html>
2.    <html>
3.        <head>
4.            <meta charset = "UTF-8">
5.            <title>拖放效果</title>
6.            <style>
7.                #box
8.                {
9.                    width:300px;
10.                   height:200px;
11.                   border:1px solid #ccc;
12.                   float: right;
13.                }
14.               img
15.               {
16.                   float: left;
```

```
17.                    margin: 10px;
18.               }
19.     </style>
20.     </head>
21.     <body>
22.          <div id = "box" ondrop = "drop(event)" ondragover = "aldrop(event)"></div>
23.          <img id = "drag" src = ". /image /big1. jpg" draggable = "true" ondragstart = "
     drag(event)" width = "200" />
24.          <script type = "text /javascript">
25.               function aldrop(ev)
26.               {
27.                    ev. preventDefault();
28.               }
29.               function drag(ev)
30.               {
31.                    ev. dataTransfer. setData("Text", ev. target. id);
32.               }
33.               function drop(ev)
34.               {
35.                    ev. preventDefault();
36.                    var data = ev. dataTransfer. getData("Text");
37.                    ev. target. appendChild(document. getElementById(data));
38.               }
39.          </script>
40.     </body>
41. </html>
```

图 6-9 拖放操作前后对比图

上述代码解释如下：

● 允许拖放：draggable 属性设置为 true，使该元素可以被拖动。

```
<img draggable = "true" />
```

● 拖放对象时：当拖放动作开始后，ondragstart 是产生的第一个事件。ondragstart 调用一个函数 drag(event)，规定了被拖动的数据，dataTransfer.setData()方法设置被拖数据的数据类型和值：数据类型是"Text"，值是可拖动元素的 id("drag")。

```
function drag(ev) {
ev.dataTransfer.setData("Text",ev.target.id);}
```

● 拖放的目的地：ondragover 事件规定在何处放置被拖动的数据。默认情况下，无法将元素放置到其他元素中。如果需要设置允许放置，必须阻止对元素的默认处理方式。这时，需要通过调用 ondragover 事件的 event.preventDefault()方法。

```
event.preventDefault()
```

● 在目的地进行放置：当放置被拖数据时，会触发 drop 事件。

```
function drop(ev){
                    ev.preventDefault();
                    var data = ev.dataTransfer.getData("Text");
                    ev.target.appendChild(document.getElementById(data));}
```

● 调用 preventDefault()方法避免浏览器对数据的默认处理（drop 事件的默认行为是以链接形式打开）；通过 dataTransfer.getData("Text")方法获取被拖的数据。该方法将返回在 setData()方法中设置为相同类型的任何数据。

6.1.6　HTML5 表单的新输入类型

HTML5 丰富了表单输入元素的类型与属性。在 HTML5 中新增了电子邮件、网址、数字、日期、颜色等多种输入元素。

HTML5 新增的输入类型如表 6－5 所示。

表 6－5　HTML5 新增的输入类型

输入类型	描　述
<input type="email">	应该包含 e-mail 地址的输入域
<input type="url">	网站文本框
<input type="search">	查询文本框
<input type="number">	数字文本框
<input type="range">	滑动条
<input type="color">	颜色文本框
<input type="date">	选取日、月、年
<input type="month">	选取月、年
<input type="week">	选取周和年
<input type="time">	选取时间（小时和分钟）
<input type="datetime">	选取时间、日、月、年（UTC 时间）
<input type="datetime-local">	选取时间、日、月、年（本地时间）

新增的输入类型解释如下：
● email 类型用于 e-mail 地址的输入；在提交表单时会自动验证 email 域的值。

● url 类型是一种专门用来输入 URL 地址的文本框,若输入一个不是 URL 的字符串, 则在前面自动补充"http://"。

● search 类型是一种专门用来输入搜索关键词的文本框。

● number 类型用于数值的输入域, 还能够设定对所接受的数字的限定,min 为最小值,max 为最大值。

● range 类型可以使数据按范围输入,range 类型显示为滑动条,step 指明每次滑动的步长。

● color 类型用来选取颜色,它提供了一个颜色选取器,value 值为颜色的初始值,若不设定,默认值为黑色。

● date 类型用来从日历中选取一个日期,value 为该控件的初始值。

【例 6 - 7】 综合使用 HTML5 表单的新的输入类型,代码如下,显示效果如图 6 - 10 所示。

图 6 - 10 表单标记新的输入类型

```
1.    <!DOCTYPE html>
2.    <html>
3.        <head>
4.            <meta charset = "utf - 8">
5.            <title></title>
6.            <style>
7.                p
8.                {
9.                    margin:10px auto;
10.               }
11.       </style>
12.       </head>
13.       <body>
14.           <form action = "yz.asp">
15.               <p>个人信息</p>
16.               <p>您的邮箱:<input type = "email" name = "el" /><br /></p>
17.               <p>您的网龄:<input type = "number" name = "wl" min = "1" /max = "150"></
      p>
18.               <p>您的身高(米):<input type = "range" name = "rg" min = "0.5" max = "2.5"
      step = "0.01" value = "1.60" /></p>
19.               <p>您的出生日期:<input type = "date" name = "bd" value = "1990 - 01 -
      01" /></p>
20.               <p>您最喜欢的网址:<input type = "url" name = "ul" /></p>
21.               <p>您最喜欢的颜色:<input type = "color" name = "cl" /></p>
```

```
22.          <p><input type = "submit" value = "提交" /></p>
23.      </form>
24.    </body>
25. </html>
```

上述代码解释如下：

● 若个人邮箱输入格式错误，单击"提交"按钮后，则弹出如图 6‑11 所示的提示。

> ⚠ 请在电子邮件地址中包
> 括"@"。"zhy"中缺少"@"。

图 6‑11　电子邮件格式检查

● 输入出生日期时单击"▼"，则弹出如图 6‑12 所示的日期输入框。

‹	1990年1月 ˅	›

周日	周一	周二	周三	周四	周五	周六
31	1	2	3	4	5	6
7	8	9	10	11	12	13
14	15	16	17	18	19	20
21	22	23	24	25	26	27
28	29	30	31	1	2	3
4	5	6	7	8	9	10

图 6‑12　日期输入框

●"您最喜欢的颜色"对话框中默认值为黑色，单击输入框，则弹出如图 6‑13 所示的颜色选择框。

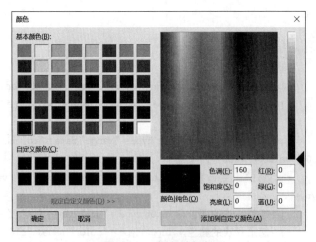

图 6‑13　颜色选择框

另外,HTML5 中还增加了其他的特性,完整内容可参考 HTML5 的官方网站,网址是 http://www.w3c.org/TR/html5。

6.1.7 实例:拖拽排序组件

(1)案例分析

在当前的 Web 前端应用中,拖拽排序是非常实用的模块,本案例中主要讲解拖拽排序功能实现,如图 6-14 所示,知识点会涉及第七章 JavaScript 的知识,同学们可以提前预习一下,同时也会涉及前面的 HTML 以及 CSS 样式处理,作为大家复习的案例。

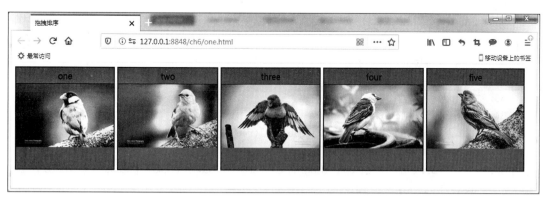

图 6-14 排序页面

(2)实现步骤

- 新建排序组件的 HTML 文件,并实现内容模块填充;
- 设置排序组件的 CSS 样式,并实现样式布局;
- 拖拽排序功能实现的 HTML 与 CSS 代码。

```
1.   <!doctype html>
2.   <html>
3.    <head>
4.     <meta charset = "UTF-8">
5.     <title>拖拽排序</title>
6.     <style>
7.      .column
8.      {
9.        height: 200px;
10.       width: 200px;
11.       float: left;
12.       border: 2px solid black;
13.       background-color: green;
14.       margin-right: 5px;
15.       text-align: center;
16.       cursor: move;
17.      }
18.      .column header
```

```
19.          {
20.             color: black;
21.             text－shadow: ♯000 0 1px;
22.             box－shadow: 5px;
23.             padding: 5px;
24.             background: red;
25.             border－bottom: 1px solid black;
26.          }
27.          .column img
28.          {
29.             width: 200px;
30.          }
31.      </style>
32.      </head>
33.      <body>
34.        <div id = "columns">
35.          <div class = "column" draggable = "true"><header> one </header><img src = ". /
    image /big1. jpg" /></div>
36.          <div class = "column" draggable = "true"><header> two </header><img src = ". /
    image /big2. jpg" /></div>
37.          <div class = "column" draggable = "true"><header> three </header><img src
    = ". /image /big3. jpg" /></div>
38.          <div class = "column" draggable = "true"><header> four </header><img src = ". /
    image /big4. jpg" /></div>
39.          <div class = "column" draggable = "true"><header> five </header><img src = ". /
    image /big5. jpg" /></div>
40.        </div>
41.      <script src = "js /one. js"></script>
42.      </body>
43. </html>
```

上述代码实现了 5 个 div 的盒子模型,在每个盒子中由两部分组成,分别是标题和图片。在 CSS 的样式中,设置盒子的大小、边距、边框、背景色、float 浮动效果等常用属性,实现 HTML 页面的布局样式。同时为 div 盒子模型加上了一个 draggable 的属性,并且将属性值设为 true,实现每一个 div 盒子的可移动功能。

(3) 排序组件实现

● 设置拖动实现的监听事件

```
1.    var columns = document. querySelectorAll('♯columns .column');
2.    var dragEl = null;
3.    [ ]. forEach. call(columns, function(column)
4.    {
5.      column. addEventListener("dragstart", domdrugstart, false);
6.      column. addEventListener('dragover', domdrugover, false);
7.      column. addEventListener('drop', domdrop, false);
```

```
8.        column.addEventListener('dragend', domdrapend, false);
9.    });
```

上述代码第 1-3 行代码,querySelectorAll 获取所有 class 等于 column 的 div 盒子模型,即我们需要拖动的模块,并返回 NodeList;[].forEach.call()对返回 NodeList 进行循环。第 4-8 行代码实现每一个 div 盒子的拖动监听事件,分别是:第 4 行监听对象是否开始被拖动;第 5 行监听拖动对象在目的地附近移动时;第 6 行监听拖动对象成功拖动到目的地;第 7 行监听拖动对象停止拖动。

- 监听事件的方法实现

```
1.    function domdrugstart(e)
2.    {
3.        e.target.style.opacity = '0.5';
4.        dragEl = this;
5.        e.dataTransfer.effectAllowed = "move"; //设置或返回被拖动元素允许发生的拖动
          行为
6.        e.dataTransfer.setData("text /html", this.innerHTML);
7.    }
8.    function domdrugover(e)
9.    {
10.       if (e.preventDefault)
11.       {
12.           e.preventDefault();
13.       }
14.       e.dataTransfer.dropEffect = 'move'; //设置或返回拖放目标上允许发生的拖放行为
15.       return false;
16.   }
17.   function domdrop(e)
18.   {
19.       //位置互换
20.       if (dragEl != this)
21.       {
22.           dragEl.innerHTML = this.innerHTML;
23.           this.innerHTML = e.dataTransfer.getData('text /html');
24.       }
25.       return false;
26.   }
27.   function domdrapend(e)
28.   {
29.       [].forEach.call(columns, function (column)
30.       {
31.           column.style.opacity = '1';
32.       });
33.   }
```

上述代码主要实现监听事件的处理方法,其中:第 1-7 行,实现的是开始拖动事件处理,主要是设置拖动对象的透明度、可拖动属性以及拖动元素内容数据;第 8 - 13 行,主要实现当被拖动对象拖动到指定目标后,目标对象设置可拖动属性;第 14 - 26 行,主要实现当拖动对象放置到目标后,实现被拖动对象和目标对象互换位置;第 27 - 33 行,拖动完成后,将透明度恢复为 1。

图 6 - 15　图拖动过程

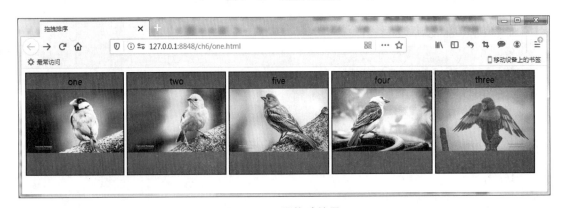

图 6 - 16　图拖动结果

6.2　CSS3

　　CSS(级联样式表)是一种定义样式(如字体、颜色和位置)的语言,用于描述如何格式化和显示网页中的信息。目前使用最多的是 CSS 2.0 标准,CSS 新标准 CSS 3.0 的出现使代码更简洁、页面结构更合理,性能和效果得到兼顾。

　　现在所有主流浏览器都是兼容 CSS2,但不是所有浏览器都支持 CSS3 样式,不过新版本的谷歌 Chrome、火狐 Firefox 等浏览器支持 CSS3 的绝大多数属性,IE9、IE10 只支持 CSS3 中少部分属性,IE8 及以下版本的 IE 基本不支持 CSS3。目前还有很多低版本浏览器的用户,考虑到浏览器的兼容性,使用 CSS3 标准开发网站不是很多,但却是必然的发展趋势。

　　CSS3 加强了 CSS2 的功能,增加了新的属性和新的标签,删除了一些冗余的标签,在布局方面减少了代码量。在 CSS2 中比较复杂的布局,在 CSS3 中一般只需要设置一个属性即可。在效果方面加入了更多的效果,在盒子模型和列表模块都进行了改进,比如定义圆角、背景颜色渐变、背景图片大小控制和定义多个背景图片等。CSS3 数据更精简,请求服务器次数明显低于 CSS2,因此性能更好。

　　CSS3 的开发是朝着模块化发展的,包括文本效果、背景和边框、盒子模型、2D/3D 转换、动画、多列布局以及用户界面等。下面介绍常用的 CSS3 属性。

6.2.1　CSS3 文本、边框属性

　　CSS3 设置文本的效果主要有 text-shadow、box-shadow、border-rudius、border-image 属性。

　　(1) text-shadow:设置文本的阴影,语法格式如下

```
text-shadow:h-shadow v-shadow [blur] [color];
```

　　参数说明:h-shadow 表示水平阴影的位置(允许负值);v-shadow 表示垂直阴影的位置(允许负值);blur 表示模糊距离;color 表示阴影的颜色。其中,后面两个参数可以为空。

　　【例 6-8】　实现具有模糊效果的文本阴影,代码如下,效果如图 6-17 所示。

```
1.   <!DOCTYPE html>
2.   <html>
3.     <head>
4.       <meta charset = "utf-8">
5.       <title>阴影效果</title>
6.       <style>
7.         h1
8.         {
9.           text-shadow:2px 2px 8px gold;
10.          text-align: center;
11.        }
12.        div
13.        {
14.          text-shadow:2px 2px 8px #FF0;
15.          -ms-text-shadow:2px 2px 8px #FF0;      /* 支持 IE 9 浏览器 */
16.          -webkit-text-shadow:2px 2px 8px #FF0;
17.          /* 支持 Safari 以及 Chrome 浏览器 */
18.          -o-text-shadow:2px 2px 8px #FF0;       /* 支持 Opera 浏览器 */
19.          -moz-text-shadow:2px 2px 8px #FF0;     /* 支持火狐 Firefox 浏览
                                                        器 */
20.        }
21.      </style>
22.    </head>
23.    <body>
24.      <h1>模糊阴影效果</h1>
25.    </body>
26.  </html>
```

　　不需使用图像处理软件,使用 CSS3 可以为元素添加阴影、创建圆角边框等。

　　注意:为了兼容老版本的浏览器,一般会在属性之前添加便于不同浏览器识别的语句,以设置元素的 text-shadow 属性为例,需要添加以下语句,后面讲到的属性同样需要添加

类似的浏览器兼容语句。

图 6 - 17 文本阴影效果

```
1.    div
2.    {
3.        text - shadow:2px 2px 8px ♯FF0;
4.        - ms - text - shadow:2px 2px 8px ♯FF0;        /* 支持 IE 9 浏览器 * /
5.        - webkit - text - shadow:2px 2px 8px ♯FF0;
6.        /* 支持 Safari 以及 Chrome 浏览器 * /
7.        - o - text - shadow:2px 2px 8px ♯FF0;          /* 支持 Opera 浏览器 * /
8.        - moz - text - shadow:2px 2px 8px ♯FF0;        /* 支持火狐 Firefox 浏览器 * /
9.    }
```

（2）box-shadow：为块级元素添加阴影，语法格式如下

```
box - shadow:h - shadow v - shadow [blur] [spread] [color] [inset];
```

参数说明：h-shadow 表示水平阴影的位置；v-shadow 表示垂直阴影的位置；blur 表示模糊距离；spread 表示阴影的尺寸；color 表示阴影的颜色；inset 表示将外部阴影改为内部阴影。

【例 6 - 9】 实现块级元素阴影效果，代码如下，效果如图 6 - 18 所示。

```
1.    <html>
2.        <head>
3.            <meta charset = "utf - 8">
4.            <title>块级阴影效果< /title>
5.            <style>
6.                div{
7.                    width:200px; height:100px; background - color: ♯56990c;
8.                    box - shadow:15px 15px 15px ♯888888;
9.                    margin:0px auto;
10.                   text - align: center;
11.               }
12.
13.           < /style>
14.       < /head>
15.       <body>
```

```
16.          <div>块级阴影效果</ div>
17.     </body>
18. </html>
```

图 6 - 18　块级阴影效果

（3）border-radius：是一个简写属性，为元素添加圆角边框。语法格式如下：

border-radius：[水平半径值|％][垂直半径值|％]

其中，第一个值是水平半径；如果第二个值省略，它等于第一个值，此时这个角是一个四分之一圆角；如果任意一个值为 0，则这个角是矩形；不允许是负值。

【例 6 - 10】　实现块级元素的圆角边框，代码效果如图 6 - 19 所示。

```
1.   <html>
2.       <head>
3.           <meta charset = "utf - 8">
4.           <title></ title>
5.           <style>
6.               div
7.               {
8.                   width: 160px;
9.                   height: 40px;
10.                  border:1px solid red;
11.                  line - height: 40px;
12.                  margin: 0px auto;
13.                  border - radius:20px;
14.                  /* border - top - left - radius: 20px;
15.                  border - top - right - radius: 20px;
16.                  border - bottom - right - radius: 20px;
17.                  border - bottom - left - radius: 20px; */
18.              }
19.          </style>
20.      </head>
21.      <body>
22.          <div>圆角效果</div>
23.      </body>
24. </html>
```

> border-radiu 简写风格；代码中第 13 行代码等价于 14 - 17 行代码。

图 6-19　圆角效果边框

也可以从左上角开始按顺时针顺序设置圆角半径,若省略 bottom-left,则与 top-right 相同;省略 bottom-right,则与 top-left 相同;省略 top-right,则与 top-left 相同。例如,

```
border-radius:2em 1em 4em /0.5em 3em;
```

等价于:

```
border-top-left-radius:2em 0.5em;
border-top-right-radius:1em 3em;
border-bottom-right-radius:4em 0.5em;
border-bottom-left-radius:1em 3em;
```

(4) border-image:是一个简写属性,用于设置以下属性,如果省略值,会设置其默认值。

● border-image-source:边框图片的路径;

● border-image-slice:图片边框向内偏移;

● border-image-width:图片边框的宽度;

● border-image-outset:边框图像区域超出边框的量;

● border-image-repeat:图像边框是否应平铺(repeated)、铺满(round)或拉伸(stretch)。

例如,设置 div 的样式如下,将图 6-20 所示图片应用于 div,round 边框效果如图 6-21 所示,stretch 边框效果如图 6-22 所示。

```
div{
    border:45px solid transparent;
    width:200px; height:126px; padding:10px 20px;
    border - image:url(images/bg.jpg) 50 90 round;}
```

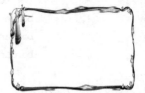

图 6-20　边框素材图片　　图 6-21　round 边框效果　　图 6-22　stretch 边框效果

6.2.2　CSS3 背景属性

CSS3 新增了一些背景属性,提供了对背景更强大的控制。

（1）background-size:设置背景图片的尺寸。在 CSS2 中背景图片的尺寸是由图片的实际尺寸决定的,在 CSS3 中则可以设置背景图片的尺寸。语法如下:

```
background-size:length|percentage|cover|contain;
```

其中:

● length 设置背景图像的高度和宽度,第一个值设置宽度,第二个值设置高度。如果只设置一个值,则第二个值会被设置为"auto"。

● percentage 以父元素的百分比来设置背景图像的宽度和高度。第一个值设置宽度,第二个值设置高度。如果只设置一个值,则第二个值会被设置为"auto"。

● cover 把背景图像扩展至足够大,以使背景图像完全覆盖背景区域。背景图像的某些部分也许无法显示在背景定位区域中。

● contain 把图像图像扩展至最大尺寸,以使其宽度和高度完全适应内容区域。

【例 6-11】 设置 HTML 的背景图片,并实现自动适应窗口,代码如下,效果如图 6-23 所示。

```
1.   <!DOCTYPE html>
2.   <html>
3.       <head>
4.           <meta charset = "utf-8">
5.           <title>背景</title>
6.           <style>
7.               body{
8.                   background:url(. /image /big_new.jpg) no-repeat;
9.                   background-size: cover;
10.              }
11.          </style>
12.      </head>
13.      <body>
14.      </body>
15.  </html>
```

图 6-23　**background-size 属性应用**

（2）background-origin：将背景图片定位于某一区域。

背景图片可以放置于块级元素的 content-box、padding-box 或 border-box 区域，如图 6-24 所示。

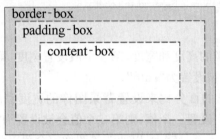

图 6-24　定位区域

例如下列语句可以将背景图片定位于块级元素的内容区域。

```
div
{
    background:url(img /background. jpg) no - repeat;
    background - size:100px 100px;
    background - origin:content - box;
}
```

另外，可以使用 background-image 属性为元素设置多个背景图片。例如，下面代码为页面设置两个背景图片，默认情况下，两个背景图片以元素的左上角为基准显示。

```
body
{
    background - image:url(img /background. jpg),url(images /center. gif);
    background - repeat:no - repeat;
}
```

6.2.3　2D,3D 转换

转换是使元素改变形状、尺寸和位置的一种效果。通过 CSS3 转换，可以对元素进行移动、缩放、转动、拉长或拉伸。可以对元素设置 2D 或 3D 的转换效果。

实现元素的 2D 或 3D 转换效果的属性是 transform，语法如下：

```
transform:none|转换函数;
```

转换函数的取值主要有：
- none：定义不进行转换；
- translate(x,y)：定义 2D 转换；
- translate3d(x,y,z)：定义 3D 转换；
- translateX(x)：定义 X 轴转换；
- translateY(y)：定义 Y 轴转换；
- translateZ(z)：定义 3D 转换，只是用 Z 轴的值；

- rotate(angle)：定义 2D 旋转，在参数中规定角度；
- rotate3d(x,y,z,angle)：定义 3D 旋转；
- rotateX(angle)：定义沿 X 轴的 3D 旋转；
- rotateY(angle)：定义沿 Y 轴的 3D 旋转；
- rotateZ(angle)：定义沿 Z 轴的 3D 旋转；
- scale(x,y)：定义 2D 缩放转换；
- scale3d(x,y,z)：定义 3D 缩放转换；
- scaleX(x)：通过设置 X 轴的值来定义缩放转换；
- scaleY(y)：通过设置 Y 轴的值来定义缩放转换；
- scaleZ(z)：通过设置 Z 轴的值来定义 3D 缩放转换；
- skew(x-angle,y-angle)：定义沿着 X 和 Y 轴的 2D 倾斜转换；
- skewX(angle)：定义沿 X 轴的 2D 倾斜转换；
- skewY(angle)：定义沿 Y 轴的 2D 倾斜转换；
- matrix(n,n,n,n,n,n)：定义 2D 转换，使用六个值的矩阵；
- matrix3d(n,n,n,n,n,n,n,n,n,n,n,n,n,n,n,n)：定义 3D 转换，使用 16 个值的 4×4 矩阵；
- perspective(n)：为 3D 转换元素定义透视视图。

（1）translate()函数：根据给定的位置参数(x,y)移动指定的元素。

例如，语句 transform:translate(50px,100px)可以将元素向右移动 50px，向下移动 100px，样式代码如下，效果如图 6-25 所示。

```
div
{
    background:url(img/background. jpg) no-repeat; width:200px; height:200px;
    background-size:200px 200px;
    -webkit-transform:translate(100px,50px); /* 支持 Safari、Chrome 浏览器 */
}
```

图 6-25 移动对象　　　　　　图 6-26 旋转对象

（2）rotate()函数：元素顺时针旋转给定的角度。可以取负值，元素将逆时针旋转。

例如，语句 transform:rotate(30deg);可以将元素顺时针旋转 30 度，效果如图 6-26 所示。

（3）scale（）函数：根据给定的宽度和高度参数改变元素的尺寸。

例如，语句 transform：scale(2,4)；将元素的宽度变为原来的 2 倍，高度变为原来的 4 倍。

（4）skew（）函数：根据水平和垂直参数将元素翻转给定的角度。

例如，语句 div{transform：skew(30deg,20deg)；}围绕 X 轴将元素翻转 30 度，围绕 Y 轴翻转 20 度，如图 6－27 所示。

（5）matrix（）函数：将 2D 转换方法组合在一起，有六个参数，可以旋转、缩放、移动以及倾斜元素。

图 6－27   翻转效果

6.2.4　CSS3 过渡属性

使用 CSS3 的过渡属性，可以在不使用 Flash 或 JavaScript 的情况下，为元素转变样式时添加效果。语法如下：

```
transition:property duration timing－function delay;
```

其中：

● property 规定设置过渡效果的 CSS 属性的名称；
● duration 规定完成过渡效果需要的时间；
● timing-function 规定速度效果的速度曲线；
● delay 定义过渡效果开始的时间。

例如，下面的代码设置鼠标悬停在 div 元素时，元素宽度和高度 2 秒内都变为 150 px，同时顺时针翻转 180 度。鼠标悬停前后效果分别如图 6－28 和图 6－29 所示。

```
1.   div
2.   {
3.       width:120px; height:100px; background:#0ff;
4.       －webkit－transition:width 2s,height 2s;}
5.       div:hover{
6.       width:150px; height:150px;
7.       －webkit－transform:rotate(180deg);
8.   }
```

图 6－28   初始状态

图 6－29   鼠标悬停 div 效果

6.2.5　CSS3 多列属性

使用 CSS3 多列属性可以实现类似于 word 分栏的功能。多列属性主要有 column-count、column-gap 和 column-rule,分别用于设置元素被分隔的列数、列之间的间隔以及分隔线的宽度、样式和颜色规则。

例如,以下代码将 div 分为 3 列,每列间隔 40 px,蓝色分隔线,宽度为 4 px,页面效果如图 6-30 所示。

```
1.   div
2.   {
3.       - webkit - column - count:3; - webkit - column - gap:40px;
4.       - webkit - column - rule:4px outset #00f;
5.   }
```

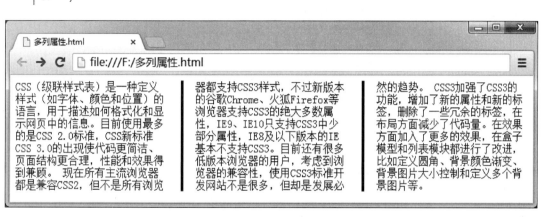

图 6 - 30　三列显示

【例 6 - 12】　使用 CSS3 实现图片旋转,如图 6 - 31 所示,鼠标悬停时,图片水平显示如图 6 - 32 所示。

```
1.   <!DOCTYPE html>
2.   <html>
3.       <head>
4.           <meta charset = "utf - 8">
5.           <title></ /title>
6.           <style>
7.               body
8.               {
9.                   background - color: #E9E9E9;
10.                  color: #333333;
11.                  padding: 25px;
12.              }
13.              a, img
14.              {
15.                  border: 0;
16.              }
```

```
17.            a, a:hover
18.            {
19.                color: #333333;
20.                text-decoration: none;
21.            }
22.            .box a
23.            {
24.                display: block;
25.                width: 256px;
26.                margin: 60px 0 0 0;
27.                padding: 10px 10px 15px;
28.                text-align: center;
29.                background: #fff;
30.                border: 1px solid #bfbfbf;
31.                transform: rotate(10deg);
32.                /* 设置图片旋转 */
33.                -webkit-transform: rotate(10deg);
34.                /* 支持 Safari 以及 Chrome 浏览器 */
35.                -moz-transform: rotate(10deg);
36.                /* 支持火狐 Firefox 浏览器 */
37.                box-shadow: 2px 2px 3px rgba(135, 139, 144, 0.4);
38.                /* 设置元素阴影 */
39.                -webkit-box-shadow: 2px 2px 3px rgba(135, 139, 144, 0.4);
40.                -moz-box-shadow: 2px 2px 3px rgba(135, 139, 144, 0.4);
41.                -webkit-transition: all 0.5s ease-in;
42.                /* 设置样式过渡时间 */
43.            }
44.            .box img
45.            {
46.                display: block;
47.                width: 256px;
48.                height: 192px;
49.                margin-bottom: 10px;
50.            }
51.            .box a:hover
52.            {
53.                border-color: #9a9a9a;
54.                transform: rotate(0deg);
55.                /* 鼠标悬停时设置旋转角度为 0,即图片水平显示 */
56.                -webkit-transform: rotate(0deg);
57.                /* 支持 Safari 以及 Chrome 浏览器 */
58.                -moz-transform: rotate(0deg);
59.                /* 支持火狐 Firefox 浏览器 */
60.            }
61.        </style>
```

```
62.      </head>
63.      <body>
64.          <div class = "box">
65.              <a href = "#">
66.                  <img src = "image /big_new.jpg" />
67.                  <p>鼠标悬停</p>
68.              </a>
69.          </div>
70.      </body>
71.  </html>
72.
```

图 6-31 旋转图片

图 6-32 鼠标悬停效果

【例 6-13】 使用 CSS3 实现鼠标悬停图片自动伸缩效果,类似于手风琴图片滑动效果,如图 6-33 所示。

HTML 代码如下:

```
1.   <div class = "accordion">
2.       <ul>
3.           <li>
4.               <div class = "title">
5.                   <a href = "#">第一幅图</a>
6.               </div>
7.               <a href = "#"><img src = "img /1. jpg"></a>
8.           </li>
9.           <li>
10.              <div class = "title">
11.                  <a href = "#">第二幅图</a>
12.              </div>
13.              <a href = "#"><img src = "img /2. jpg"></a>
```

```
14.            < /li>
15.            <li>
16.                <div class = "title">
17.                    <a href = " ♯ ">第三幅图< /a>
18.                </div>
19.                <a href = " ♯ "><img src = "img /3. jpg">< /a>
20.            < /li>
21.            <li>
22.                <div class = "title">
23.                    <a href = " ♯ ">第四幅图< /a>
24.                </div>
25.                <a href = " ♯ "><img src = "img /4. jpg">< /a>
26.            < /li>
27.            <li>
28.                <div class = "title">
29.                    <a href = " ♯ ">第五幅图< /a>
30.                </div>
31.                <a href = " ♯ "><img src = "img /5. jpg">< /a>
32.        < /li>
33.      < /ul>
34.  < /div>
```

CSS 代码如下：

```
1.    *
2.    {
3.        margin: 0;
4.        padding: 0;
5.        list – style: none;
6.    }
7.    body
8.    {
9.        background: ♯ ccc;
10.   }
11.   a
12.   {
13.       text – decoration: none;
14.   }
15.   img
16.   {
17.       border: none;
18.   }
19.   . accordion
20.   {
21.       width: 505px;
22.       height: 200px;
```

```
23.        margin: 10px auto;
24.        /* 设置盒子居中 */
25.        box - shadow: 0 0 10px 2px rgba(0, 0, 0, 0.4);
26.        /* 设置盒子的阴影,透明度为 0.4 */
27.    }
28.    .accordion li
29.    {
30.        width: 100px;
31.        height: 200px;
32.        overflow: hidden;
33.        /* 设置 li 的显示不超出 505px 范围 */
34.        position: relative;
35.        /* 设为相对定位,便于 .title 相对于 li 定位 */
36.        float: left;
37.        /* 设置浮动,li 在浏览器中同一行显示 */
38.        border - left: 1px solid #aaa;
39.        box - shadow: 0 0 25px 10px rgba(0, 0, 0, 0.4);
40.        /* 设置每个 li 有阴影 */
41.        - webkit - transition: all 0.5s;
42.        /* 设置样式过渡时间为 0.5 秒 */
43.        - moz - transition: all 0.5s;
44.        - ms - transition: all 0.5s;
45.        - o - transition: all 0.5s;
46.        transition: all 0.5s;
47.    }
48.    .accordion ul:hover li
49.    {
50.        width: 45px;
51.    }
52.
53.    /* 设置鼠标悬停 li 初始宽度为 45px,0.5 秒宽度过渡为 320px */
54.    .accordion ul li:hover
55.    {
56.        width: 320px;
57.    }
58.    .accordion .title
59.    {
60.        /* 设置 .title 相对定位于 li 的底部 */
61.        position: absolute;
62.        left: 0;
63.        bottom: 0;
64.        width: 320px;
65.        background: rgba(0, 0, 0, 0.5);
66.        /* 设置 .title 的透明度为 0.5 */
67.    }
```

```
68.  .accordion .title a
69.  {
70.      display: block;
71.      color: #fff;
72.      font-size: 16px;
73.      padding: 20px;
74.  }
```

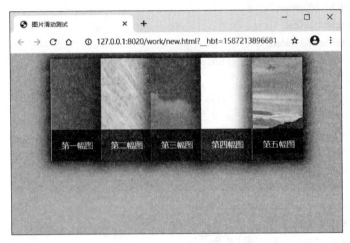

图 6-33　鼠标悬停效果图

6.3　实例:3D 播放器

（1）案例分析

本案例是 3D 播放器,实现的功能:页面整体的海报背景,循环播放音乐,3D 图片效果展示。本案例中主要讲解 CSS3 实现 3D 相册的播放,HTML 内容相对简单,同学自主复习即可。整体演示效果如图 6-34 所示。

图 6-34　案例效果图

（2）实现步骤

- 新建 3D 播放器 HTML 页面;
- 实现背景图片全屏显示,并适应窗口大小;

- 设置音乐的循环播放；
- 设置 3D 相册的播放效果。

（3）案例实现过程

- HTML 页面内容

```
1.   <body>
2.     <ul>
3.         <li><img src = "image /z1.jpg"></ li>
4.         <li><img src = "image /z2.jpeg"></ li>
5.         <li><img src = "image /z3.jpeg"></ li>
6.         <li><img src = "image /z4.jpg"></ li>
7.         <li><img src = "image /z5.jpg"></ li>
8.         <li><img src = "image /z6.jpg"></ li>
9.     </ul>
10.    <audio src = ". /image /MONACA.mp3" autoplay = "autoplay" loop = "loop"></ audio>
11.  </body>
```

上述代码实现 3D 相册的效果。在代码第 2 - 9 行设置 ul-li 作为相册图片的容器，在第 10 行使用 audio 标签作为音乐播放。

- CSS 样式处理

步骤 1：背景设置

```
1.   *
2.   {
3.       margin: 0;
4.       padding: 0;
5.   }
6.   body
7.   {
8.       background: url(". /image /z0.jpg") no - repeat;
9.       background - size: cover;
10.  }
```

代码说明：第 1 - 5 行设置清空页面的默认边距，第 6 - 8 行设置 body 的背景图片（海报图），第 9 行实现效果是使背景图片自动适应窗口变化。

步骤 2：实现相册基本样式，效果如图 6 - 35 所示。

```
1.   ul
2.   {
3.       width: 200px;
4.       height: 200px;
5.       position: absolute;
6.       bottom: 50px;
7.       left: 65 % ;
8.       margin - left: - 100px;
9.       transform - style: preserve - 3d;
10.      transform: rotateX(0deg) rotateY(0deg);
```

```
11.        animation: play 6s linear 0s infinite normal;
12.    }
13.    ul li
14.    {
15.        list - style: none;
16.        width: 200px;
17.        height: 200px;
18.        line - height: 200px;
19.        font - size: 60px;
20.        text - align: center;
21.        position: absolute;
22.        top: 0;
23.        left: 0;
24.    }
25.    ul li img
26.    {
27.        width: 200px;
28.        height: 200px;
29.        border: 5px solid skyblue;
30.        box - sizing: border - box;
31.    }
32.    ul:hover
33.    {
34.        animation - play - state: paused;
35.    }
36.    ul:hover li img
37.    {
38.        opacity: 0.7;
39.    }
40.    ul li:hover img
41.    {
42.        opacity: 1;
43.    }
```

图 6 - 35　相册基本样式效果图

代码中第 1-12 行通过设置 ul 的属性,实现 ul 的定位效果。第 13-31 行设置 li 以及 li 标签内 img 的样式布局。

步骤 3:实现相册的 3D 转换

```
1.   ul li:nth-child(1)
2.   {
3.       transform: rotateY(60deg) translateZ(200px);
4.   }
5.   ul li:nth-child(2)
6.   {
7.       transform: rotateY(120deg) translateZ(200px);
8.   }
9.   ul li:nth-child(3)
10.  {
11.      transform: rotateY(180deg) translateZ(200px);
12.  }
13.  ul li:nth-child(4)
14.  {
15.      transform: rotateY(240deg) translateZ(200px);
16.  }
17.  ul li:nth-child(5)
18.  {
19.      transform: rotateY(300deg) translateZ(200px);
20.  }
21.  ul li:nth-child(6)
22.  {
23.      transform: rotateY(360deg) translateZ(200px);
24.  }
```

为了观看效果,当前示例将 body 标签的背景图片注释掉了,分步实现的效果如图 6-36 所示。

步骤 2 的代码中第 9 行"transform-style:preserve-3d",其属性含义是当前元素设置为 3D 转换效果,并且子元素同样保留 3D 转换效果,因此每一个 ul 下的 li 都具有 3D 转换效果;第 10 行"transform:rotateX(0deg) rotateY(0deg);"其属性含义设置当前 3D 转换,因属性值为 0,所以 ul 不旋转,为了方便看到 li 中的 3D 效果,当前将第 10 行改为"transform:rotateX(-30deg) rotateY(0deg);",否则的话前面的相册会挡到后面的相册。

步骤 3 中的代码第 1-4 行设置第一张图片的 3D 旋转效果,沿 Y 轴旋转 60 度,沿 Z 轴移动 200px;第 5-8 行设置第二张图片的 3D 旋转效果,沿 Y 轴旋转 120 度,沿 Z 轴移动 200px;第 9-12 行设置第三张图片的 3D 旋转效果,沿 Y 轴旋转 180 度,沿 Z 轴移动 200px;第 13-16 行设置第四张图片的 3D 旋转效果,沿 Y 轴旋转 240 度,沿 Z 轴移动 200px;第 17-20 行设置第五张图片的 3D 旋转效果,沿 Y 轴旋转 300 度,沿 Z 轴移动 200px;第 21-24 行设置第六张图片的 3D 旋转效果,沿 Y 轴旋转 360 度,沿 Z 轴移动 200px。整体效果分析可以发现要想实现案例上的 3D 播放,其主要的旋转方向为 Y 轴旋转 360 度,因 6 张图片,所以每张图片旋转 60 度,如果是 4 张图片就是 90 度;而沿 Z 轴移动 200px,其目的是将每张图片分隔开来。

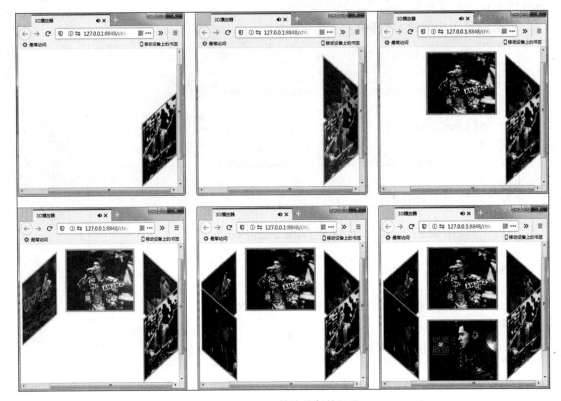

图 6-36　3D 转换排版效果图

步骤 4:3D 旋转动画设置,效果如图 6-37 所示。

```
1.    @keyframes play
2.    {
3.        from
4.        {
5.            transform: rotateX( -15deg) rotateY(0deg);
6.        }
7.        to
8.        {
9.            transform: rotateX( -15deg) rotateY(360deg);
10.       }
11.   }
```

同上一个步骤一样,此次也将背景注释掉了,在分析本代码之前,先分析步骤 2 的第 11 行代码"animation:play 6s linear 0s infinite normal;"play 动画绑定的选择器 keyframe 名称,6s 动画完成的时间,linear 动画的运行曲线,0s 动画延迟时间,infinite 动画播放次数,normal 动画的播放方式;步骤 4 的代码,首先定义选择器 keyframe,接着实现从 from 状态到 to 状态的动画运行,即沿 Y 轴从 0 度移动到 360 度,而 rotateX(-15deg)是 X 轴旋转方向,主要目的实现立体效果。

图 6 - 37　3D 旋转动画设置

6.4 ▶ 本章小结

　　本章重点介绍的是 HTML5 和 CSS3 的一些新特性,通过 HTML5 和 CSS3 的新特性学习,能够实现 Web 前端复杂的页面效果以及交互方式。

　　本章知识点如图 6 - 38 所示。

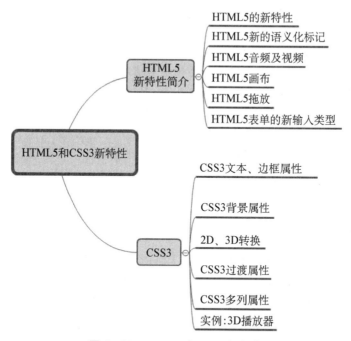

图 6 - 38　HTML5 与 CSS3 知识点

6.5 ▶ 拓展训练

　　(1) 下列哪项不是 HTML5 的新特性(　　　)。

　　　A. 兼容性　　　　　B. 合理性　　　　　C. 安全性　　　　　D. 有插件

(2) audio 元素中 src 属性的作用是（　　　）。

    A. 提供播放、暂停和音量控件

    B. 循环播放

    C. 制定要播放音频的 URL

    D. 插入一段替换内容用来隔离自身与其他元素

(3) outline 属性可以定义块元素的外轮廓线，以下错误的是（　　　）。

    A. outline-color 定义轮廓边框颜色

    B. outline-style 定义轮廓边框轮廓

    C. outline-width 定义轮廓边框宽度

    D. outline-offset 定义轮廓边框位置

(4) 基本 CSS 代码书写规范不正确的是（　　　）。

    A. 尽量不缩写

    B. 全部小写，且每一项 CSS 定义写成一行

    C. ID 必须是唯一的，且用在结构的定义中

    D. CSS 可以尽量使用 expression

(5) canvas 画布中，仅用于移动坐标空间的是（　　　）。

    A. transition

    B. context.transparent

    C. context.translate

    D. context.transform

(6) HTML5 的语义化标记中用来定义导航类辅助内容的是（　　　）。

    A. header   B. footer

    C. nav   D. article

(7) <video> 标签不支持的文件格式是（　　　）。

    A. MP4   B. WebM   C. Ogg   D. DAT

(8) HTML5 中的拖放事件中拖动对象时触发，可持续发生（　　　）。

    A. ondrop   B. ondrag   C. ondragend   D. ondragover

(9) <input> 标记中 type 设置为（　　　）表示可以使数据按范围输入，显示为滑动条。

    A. url   B. range   C. number   D. date

(10) CSS3 设置文本的阴影属性是（　　　）。

    A. transition-propert   B. background-size

    C. transition-delay   D. text-shadow

【微信扫码】

本章参考答案 & 相关资源

第七章

JavaScript 编程

7.1 JavaScript 简介

JavaScript 是面向 Web 的编程语言，获得了所有网页浏览器的支持，是目前使用最广泛的脚本编程语言之一，也是网页设计和 Web 应用必须掌握的基本工具。

7.1.1 JavaScript 简史

1995 年 2 月，Netscape 公司发布 Netscape Navigator2 浏览器，并在这个浏览器中免费提供了一个开发工具——LiveScript。由于当时 Java 比较流行，Netscape 便把 LiveScript 改名为 JavaScript，这也是最初的 JavaScript1.0 版本。

由于 JavaScript 1.0 很受欢迎，Netscape 在 Netscape Navigator 3 中又发布了 JavaScript 1.1 版本。不久，微软在 Internet Explorer 3 中也加入了脚本编程功能。为了避免与 Netscape 的 JavaScript 产生纠纷，微软特意将其命名为 JScript。

7.1.2 ECMAScript 起源

1997 年，ECMA 发布 262 号标准文件（ECMA-262）的第一版，规定了脚本语言的实现标准，并将这种语言命名为 ECMAScript。这个版本就是 ECMAScript 1.0 版。

之所以不叫 JavaScript，主要有以下两个原因：

（1）商标限制。Java 是 Sun 公司的商标，根据授权协议，只有 Netscape 公司可以合法使用 JavaScript 这个名字，而且 JavaScript 已经被 Netscape 公司注册为商标。

（2）体现公益性。该标准的制订者是 ECMA 组织，而不是 Netscape 公司，这样有利于确保规范的开放性和中立性。

简单概括，ECMAScript 是 JavaScript 语言的规范标准，JavaScript 是 ECMAScript 的一种实现。注意，这两个词在一般语境中是可以互换的。

7.1.3 JavaScript 实现

虽然 JavaScript 和 ECMAScript 被大家用来表达相同的含义，但是 JavaScript 比 ECMAScript 内容要多得多。一个完整的 JavaScript 由 ECMAScript（核心）、DOM（文档对

象模型)、BOM(浏览器对象模型组成)。

(1) ECMAScript

正如前面所述,ECMAScript 是一种标准化的脚本程序设计语言。其定义了脚本语言的所有属性、方法和对象,其他语言可以实现 ECMAScript 来作为其功能标准,JavaScript 就是其中的一种。

(2) 文档对象模型(DOM)

文档对象模型 DOM 是针对 XML 但经过扩展用于 HTML 的应用程序编程接口(API),使得用户可以访问页面其他的标准组件。其解决了 Netscape 和 Microsoft 之间的冲突,给 Web 开发者提供了一个标准的方法,让其方便地访问站点中的数据、脚本和表现层对象。

DOM 把整个页面映射为一个多层次节点结构。HTML 或者 XML 页面中的每个组成部分都是某种类型的节点,这些节点又包含着不同类型的数据。参考如下代码:

```
1.    <html>
2.        <head>
3.            <meta charset = "utf - 8">
4.            <title> DOM Page < /title>
5.        < /head>
6.        <body>
7.            <h2><a href = " # ">链接 1 < /a></h2>
8.            <p>段落 1 < /p>
9.            <ul>
10.               <li> ECMAScript < /li>
11.               <li> DOM < /li>
12.               <li> BOM < /li>
13.           < /ul>
14.       < /body>
15.   < /html>
```

以上代码很简单,在前面章节中已经学过。如果用 DOM 结构将其绘制成节点层次图,效果如图 7 - 1 所示。

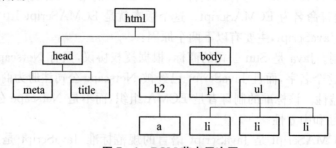

图 7 - 1 DOM 节点层次图

从图 7 - 1 可以看出,是 DOM 将页面清晰合理地进行了层次结构化,本章 7.4 节将对 DOM 进行详细介绍。

(3) 浏览器对象模型(BOM)

浏览器对象模型(Browser Object Model,简称 BOM),是用于描述这种对象与对象之间层次关系的模型,浏览器对象模型提供了独立于内容的、可以与浏览器窗口进行互动的对象结构。BOM 由多个对象组成,其中代表浏览器窗口的 Window 对象是 BOM 的顶层对象,其他对象都是该对象的子对象。BOM 主要功能包括:

- 弹出新浏览器窗口的能力;
- 移动、关闭和更改浏览器窗口大小的能力;
- 可提供 Web 浏览器详细信息的导航对象;
- 可提供浏览器载入页面详细信息的本地对象;
- 可提供用户屏幕分辨率详细信息的屏幕对象;
- 支持 Cookies;
- IE 对 BOM 进行扩展以包括 ActiveX 对象类,可以通过 JavaScript 来实现 ActiveX 对象。

本章 7.4 节将对 BOM 进行详细介绍。

7.1.4　JavaScript 引入方式

JavaScript 和 CSS 样式处理一样,要想在 HTML 中使用必须引入,引入方式有三种,分别是行内引入、内部引入以及外部引入。

（1）行内引入

<开始标签 on＋事件类型＝"js 代码" ></结束标签>

```
1.    <html>
2.        <head>
3.            <meta charset = "utf - 8">
4.            <title></title>
5.        </head>
6.        <body>
7.            <button onclick = "alert('hello world')">点击我</button>
8.        </body>
9.    </html>
10.
```

代码中第 7 行代码即行内引入方式,该方式必须结合事件来使用,但是内部 js 和外部 js 可以不结合事件。

（2）内部引入

在 head 或 body 中,定义 script 标签,然后在 script 标签里面写 js 代码。

```
1.    <html>
2.        <head>
3.            <meta charset = "utf - 8">
4.            <title></title>
5.            <script type = "text /javascript">
6.                function btnClick()
7.                {
8.                    alert("hello world");
```

```
9.                      }
10.            </script>
11.        </head>
12.        <body>
13.            <button onclick = "btnClick()">点击我</button>
14.        </body>
15.    </html>
```

代码中第 5~10 行代码即内部引入方式,所有 js 代码部分被集中在了同一个区域,方便了后期的维护。

(3) 外部引入

定义外部 js 文件(.js 结尾的文件),在 head 或 body 中,通过 script 引入。

```
1.    <script type = "text /javascript" src = "test.js"></script>
```

7.2 JavaScript 基础

JavaScript 一种直译式脚本语言,是一种动态类型、弱类型、基于原型的语言,内置支持类型。它的解释器被称为 JavaScript 引擎,为浏览器的一部分,广泛用于客户端的脚本语言,最早是在 HTML 网页上使用,用来给 HTML 网页增加动态功能。

7.2.1 JavaScript 变量

与代数一样,JavaScript 变量可用于存放值(比如 x=5)和表达式(比如 z=x+y)。变量可以使用短名称(比如 x 和 y),也可以使用描述性更好的名称(比如 age, sum, totalvolume)。

● 声明变量时不用声明变量类型,全部使用 var 关键字。

● 一行可以声明多个变量,并且可以是不同类型。

● 变量命名首字符只能是字母(大小写均可)、下划线(_)、美元符号($)三选一,余下的字符可以是下划线、美元符号或任何字母或数字字符,且区分大小写。

● 不允许使用关键字和保留字。

【例 7-1】 使用 var 进行变量声明。代码如下:

```
1.    var age;                          //单个变量
2.    var name = "javascript";          //单个变量并赋值
3.    var phone = "10086";var num = 10; //多个变量
4.    var 3xyr = "hello world" ;        //错误
5.    var for = "keyword"   ;           //错误
```

7.2.2 JavaScript 数据类型

JavaScript 的数据类型分为基本数据类型和引用数据类型,其中基本数据类型:布尔(Boolean)、空(Null)、字符串(String)、数字(Number)、未定义(Undefined)、原始数据类型(Symbol)。引用数据类型:对象(Object)、数组(Array)、函数(Function)。

（1）布尔型

布尔型（Boolean）仅包含两个固定的值：true 和 false。其中，true 代表"真"，而 false 代表"假"。

【例 7 - 2】　定义布尔型数据，使用 Boolean() 函数可以强制转换值为布尔值。代码如下：

```
1.    //定义布尔型数据
2.        var ok    = true;   //定义真值
3.        var error = false;   //定义假值
4.    //数据转化
5.        document.write(Boolean(0));   //输出 false
6.        document.write(Boolean(NaN)); //输出 false
7.        document.write(Boolean(null)); //输出 false
8.        document.write(Boolean(""));   //输出 false
9.        document.write(Boolean(undefined)); //输出 false
```

（2）字符串

JavaScript 字符串（String）就是由零个或多个 Unicode 字符组成的字符序列。零个字符表示空字符串。

● 如果字符串包含在双引号中，则字符串内可以包含单引号；反之，也可以在单引号中包含双引号。例如，定义 HTML 字符串时，习惯使用单引号表示字符串，HTML 中包含的属性值使用双引号表示，这样不容易出现错误。

```
alert('<meta charset = "UTF - 8">');
```

● 字符串必须在一行内表示，换行表示是不允许的。例如，下面字符串直接量的写法是错误的。

```
alert("字符串
    直接量"); //运行异常
```

如果要换行显示字符串，可以在字符串中添加换行符\n。例如：

```
alert("字符串\n直接量");    //在字符串中添加换行符
```

● 在字符串中插入特殊字符，需要使用转义字符，如单引号、双引号等。例如，英文中常用单引号表示撇号，此时如果使用单引号定义字符串，就应该添加反斜杠转义字符，单引号就不再被解析为字符串标识符，而是作为撇号使用。

```
alert('I can\'t read.');    //显示"I can't read."
```

● 字符串中每个字符都有固定的位置。第 1 个字符的下标位置为 0，第 2 个字符的下标位置为 1……以此类推，最后一个字符的下标位置是字符串长度减 1。

在 JavaScript 中，可以使用加号"＋"运算符连接两个字符串，使用字符串的 length 属性获取字符串的字符个数（长度）。

【例 7 - 3】　合并两个字符串，并计算合并后的长度，页面如图 7 - 2 所示。

```
1.    var str1 = "hello";
```

```
2.    var str2 = "world";
3.    var string = str1 + " " + str2; //'+'实现字符串合并功能
4.    alert(string);   //内容显示'hello world'
5.    alert(string.length);   //显示 11
```

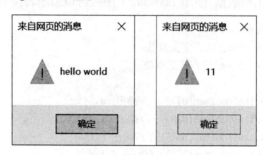

图 7-2   字符串合并

（3）数字

数字（Number）也称为数值或数。当数字直接出现在程序中时，被称为数值直接量。在 JavaScript 程序中，直接输入的任何数字都被视为数值直接量。数值直接量可以细分为整型直接量和浮点型直接量。浮点数就是带有小数点的数值，而整数是不带小数点的数值。

```
var int = 1;   //整型数值
var float = 1.0;   //浮点型数值
```

整数一般都是 32 位数值，而浮点数一般都是 64 位数值。JavaScript 中的所有数字都是以 64 位浮点数形式存储，包括整数。例如，2 与 2.0 是同一个数。

● 浮点数可以使用科学计数法来表示。

```
var float = 1.2e3;
```

其中 e（或 E）表示底数，其值为 10，而 e 后面跟随的是 10 的指数。指数是一个整型数值，可以取正负值。上述代码等价于：

```
var float = 1.2 * 10 * 10 * 10;
var float = 1200;
```

● 科学计数法表示的浮点数也可以转换为普通的浮点数。

```
var float = 1.2e-3; 等价于 var float = 0.0012;
```

【例 7-4】   实现两个数字相加，并将结果输出，页面显示效果如图 7-3 所示。

```
1.    var num1 = 5;
2.    var num2 = 6;
3.    var sum = num1 + num2; //'+'实现数字相加
4.    alert(sum);
```

图 7-3   数字相加

（4）未定义（Undefined）

undefined 是 Undefined 类型的唯一值，它表示未定义的值。当声明变量未赋值时，或者定义属性未设置值时,默认值都为 undefined。

【例 7 - 5】　判读未定义类型,并输出提示,页面显示效果如图 7 - 4 所示。

```
1.   var str; //定义变量
2.   if (str = = = undefined) //判断是否为未定义类型
3.   {
4.       alert("str is undefined");
5.   }
```

图 7 - 4　未定义类型

7.2.3　JavaScript 运算符

JavaScript 运算符是实现编程的重要组成部分,一般情况下,运算符与操作数配合才能使用。其中,运算符指定执行运算的方式,操作数提供运算的内容。不同的运算符需要配合的操作数的个数不同,可以分为以下 3 类:

● 一元运算符:一个操作符仅对一个操作数执行某种运算,如取反、递加、递减、转换数字、类型检测、删除属性等运算。

● 二元运算符:一个运算符必须包含两个操作数。例如,两个数相加、两个值比较大小。大部分运算符都需要两个操作数配合才能够完成运算。

● 三元运算符:一个运算符必须包含三个操作数。JavaScript 中仅有一个三元运算符——条件运算符。

Javascript 常用运算符的分类:算术运算符、比较运算符、逻辑运算符、赋值运算符、字符串运算符。

（1）算术运算符

算术运算符包括加＋、减－、乘 *、除/、求余运算符％,递增＋＋和递减--。

【例 7 - 6】　实现算术运算符的基本操作,页面显示效果如图 7 - 5 所示。

图 7 - 5　算术运算结果

```
1.   var x = 25;
2.   var y = 6;
3.   var sum1 = x + y; //相加
4.   var sum2 = x - y; //相减
5.   var sum3 = x * y; //相乘
6.   var sum4 = x /y; //相除
7.   var sum5 = x % y; //取余
8.   var sum6 = x+ +; //先赋值,再自增
9.   var sum7 = y--; //先赋值,再自减
10.  var sum8 =  + +x; //先自增,再赋值
11.  var sum9 = -- y; //先自减,再赋值
12.  alert("sum1 = " + sum1 + "\nsum2 = " + sum2 + "\nsum3 = " + sum3 + "\nsum4 = " + sum4 +
     "\nsum5 = " + sum5 + "\nsum6 = " + sum6 + "\nsum7 = " + sum7 + "\nsum8 = " + sum8 +
     "\nsum9 = " + sum9);
```

(2) 比较运算符

关系运算也称比较运算,需要两个操作数,运算返回值总是布尔值。比较大小的运算符有 6 个,说明如表 7-1 所示。

表 7-1 比较运算符

比较运算符	说　明
==	如果第一个操作数等于第二个操作数,则返回 true;否则返回 false
!=	如果第一个操作数不等于第二个操作数,则返回 true;否则返回 false
<	如果第一个操作数小于第二个操作数,则返回 true;否则返回 false
<=	如果第一个操作数小于或等于第二个操作数,则返回 true;否则返回 false
>=	如果第一个操作数大于或等于第二个操作数,则返回 true;否则返回 false
>	如果第一个操作数大于第二个操作数,则返回 true;否则返回 false

【例 7-7】 实现两个数的基本比较运算,页面显示效果如图 7-6 所示。

```
1.   var x = 25;
2.   var y = 6;
3.   var z = 24;
4.   if (x> y)
5.   {
6.   alert("x 大于 y")
7.   } else if (x>= y)
8.   {
9.   alert("x 大于等于 y")
10.  } else
11.  {
12.  alert("x 小于 y")
13.  }
14.  if (x <z)
15.  {
16.  alert("x 小于 z")
17.  } else if (x <= y)
18.  {
19.  alert("x 小于等于 z")
20.  } else
21.  {
22.  alert("x 大于 z")
23.  }
```

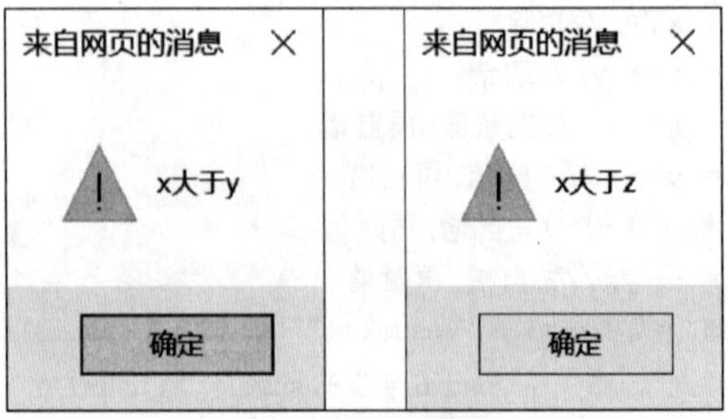

图 7-6 比较操作符

比较运算符相对比较简单,直接判断就可,如果判断为真则返回 true,否则返回 false。

(3) 逻辑运算符

逻辑运算又称布尔代数,就是布尔值(true 和 false)的"算术"运算。逻辑运算符主要包括逻辑与"&&"、逻辑或"||"和逻辑非"!",如表 7-2 所示。

表 7-2 逻辑运算符

逻辑运算符	说　明
&&	逻辑与的关系,两个条件都为真时,则返回 true;否则返回 false
||	逻辑或的关系,两个条件有一个为真时,则返回 true;否则返回 false
!	逻辑非的关系,将 true 变为 false,或者将 false 变为 true

【例 7-8】 实现逻辑运算的基本操作,页面显示效果如图 7-7 所示。

```
1.    <script type = "text/javascript">
2.        document.write(5> 4 && 4> 2);
3.        document.write("<br />");
4.        document.write(3> 2 && 4 <= 3);
5.        document.write("<br />");
6.        document.write(4 <3 || 4> 2);
7.        document.write("<br />");
8.        document.write(!(3> 2));
9.    </script>
```

图 7-7 逻辑操作符

(4) 赋值运算符

赋值运算符左侧的操作数必须是变量、对象属性或数组元素,也称为左值。例如,下面的写法是错误的,因为左侧的值是一个固定的值,不允许操作。

```
1.    15 = num; //错误,左侧必须是变量
```

赋值运算有以下两种形式:

● 简单的赋值运算"=":把等号右侧操作数的值直接复制给左侧的操作数,因此左侧操作数的值会发生变化;

● 附加操作的赋值运算:赋值之前先对右侧操作数执行某种操作,然后把运算结果复制给左侧操作数。具体说明如表 7-3 所示。

表 7-3 赋值运算符

赋值运算符	说　明	示　例	等效于
+=	加法运算并赋值	a += b	a = a + b
-=	减法运算并赋值	a -= b	a= a - b
*=	乘法运算并赋值	a *= b	a = a * b
/=	除法运算并赋值	a/= b	a = a/b
%=	取模运算并赋值	a %= b	a = a % b
<<=	左移位运算并赋值	a <<= b	a = a <<b

赋值运算符	说　明	示　例	等效于
>>=	右移位运算并赋值	a>>= b	a = a>> b
>>>=	无符号右移位运算并赋值位	a>>>= b	a = a>>> b
&=	位与运算并赋值	a &= b	a = a & b
|=	位或运算并赋值	a |= b	a = a |= b
^=	位异或运算并赋值	a ^= b	a = a ^ b

7.2.4　JavaScript 表达式

在语法概念中,运算符属于词,表达式属于短语。表达式是由一个或多个运算符、操作数组成的运算式。表达式的功能是执行计算,并返回一个值。

根据功能的不同,表达式可以分为很多类型。常用类型说明如下:

(1) 定义表达式,如定义变量、定义函数

```
var a = [];
var f = function(){};
```

(2) 初始化表达式,与定义表达式和赋值表达式常常混用

```
var a = [1,2];
var o = {x :1, y : 2};
```

(3) 访问表达式

```
document.write([1,2] [1]);    //返回 2
document.write(({x : 1, y : 2}).x);   //返回 1
document.write(({x : 1, y : 2}) ["x"]);   //返回 1
```

(4) 调用表达式

```
document.write(function(){return 1;}());    //返回 1
document.write([1,3,2].sort());   //返回 1,2,3
```

(5) 实例化对象表达式

```
document.write(new Object());   //返回实例对象
document.write(new Object);   //返回实例对象
```

根据运算符的类型,表达式还可以分为算术表达式、关系表达式、逻辑表达式、赋值表达式等。

7.2.5　JavaScript 程序控制

JavaScript 的流程控制主要分为顺序结构、分支结构和循环结构,其中不做任何处理

JavaScript 默认处理方式为顺序执行,当我们需要对程序的流程进行控制时就会使用分支结构和循环结构。

（1）分支结构

在正常情况下,JavaScript 脚本是按顺序从上到下执行的,这种结构被称为顺序结构。如果使用 if、else/if 或 switch 语句,可以改变这种流程顺序,让代码根据条件选择执行的方向,这种结构被称为分支结构。

● if 语句

允许根据特定的条件执行特定的语句。语法格式如下:

```
if(expr)
    statement1
```

如果表达式 expr 的值为真,则执行语句 statement1;否则,将忽略语句 statement1。流程控制示意如图 7-8 所示。

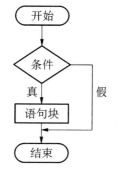

图 7-8　if 语句流程图　　　　图 7-9　判断随机数是否为偶数

【例 7-9】　给出一个随机数,判断该数是否为偶数,页面显示效果如图 7-9 所示。

```
1.    var num = parseInt(Math.random() * 100 + 1); //随机生成 1-100 之间数字
2.    if (num % 2 == 0)
3.    { //判断变量 num 是否为偶数
4.        alert(num + "是偶数。")
5.    }
```

● if…else 语句

if…else 语法格式如下:

```
if(expr)
        statement1
else
        statement2
```

如果表达式 expr 的值为真,则执行语句 statement1;否则将执行语句 statement2。流程控制示意如图 7-10 所示。

【例 7-10】　给出一个随机数,判断奇偶数,页面显示效果如图 7-11 所示。

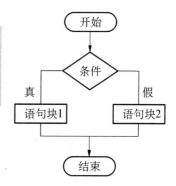

图 7-10　If…else 语句流程图

```
1.    var num = parseInt(Math.random() * 100 + 1); //随机生成 1 - 100 之间数字
2.    if (num % 2 = = 0)
3.    { //判断变量 num 是否为偶数
4.        alert(num + "是偶数。")
5.    }
6.    else
7.    {
8.        alert(num + "是奇数。")
9.    }
```

图 7 - 11 判断随机数的奇偶性

● 多重 if⋯else 语句

在一行内显示,然后重新格式化每个句子,使整个嵌套结构的逻辑思路变得清晰。其流程控制示意如图 7 - 12 所示。

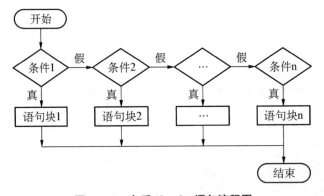

图 7 - 12 多重 if⋯else 语句流程图

设计嵌套分支结构时,建议使用复句。如果是一行单句,也应该使用大括号包裹起来,避免条件歧义。多分支条件结构一般采用 switch 语句,与 if/else 多分支结构相比,switch 结构更简洁,执行效率更高。语法格式如下:

```
switch (expr)
{
        case value 1 :
                statementList1
                break;
```

```
        case value 2 :
                statementList2
                break;
        ...
        case value n :
                statementListn
                break;
        default :
                statementList
}
```

　　switch 语句根据表达式 expr 的值,依次与 case 后表达式的值进行比较,如果相等,则执行其后的语句段,只有遇到 break 语句或者 switch 语句结束才终止;如果不相等,则继续查找下一个 case。switch 语句包含一个可选的 default 语句,如果在前面的 case 中没有找到相等的条件,则执行 default 语句,它与 else 语句类似。

　　switch 语句流程控制示意如图 7-13 所示。

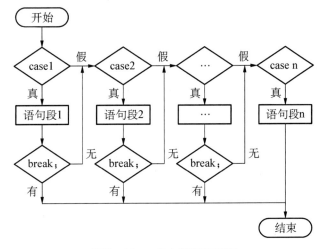

图 7-13 switch 语句流程图

　　【例 7-11】 根据输入的数字,输出相应的星期,页面显示效果如图 7-14 和图 7-15所示。

```
1.    WeekNum = parseInt(prompt("输入 1 到 7 之间的整数", ""));
2.    switch (WeekNum)
3.    {
4.        case 1:
5.            alert("星期一");
6.            break;
7.        case 2:
8.            alert("星期二");
9.            break;
10.       case 3:
```

```
11.            alert("星期三");
12.            break;
13.       case 4:
14.            alert("星期四");
15.            break;
16.       case 5:
17.            alert("星期五");
18.            break;
19.       case 6:
20.            alert("星期六");
21.            break;
22.       case 7:
23.            alert("星期日");
24.            break;
25.       default:
26.            alert("Error");
27.   }
```

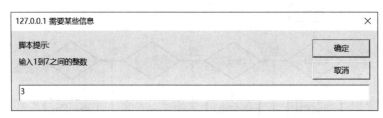

图 7‑14   用户输入

图 7‑15   输出相应的星期

（2）循环结构

在程序开发中，存在大量的重复性操作或计算，这些任务必须依靠循环结构来完成。JavaScript 定义了 while、for 和 do/while 三种类型循环语句。本节仅以 for 语句为例讲解 JavaScript 循环机制。for 语句是一种更简洁的循环结构。语法格式如下：

```
for (expr1;expr2;expr3)
     statement
```

表达式 expr1 在循环开始前无条件地求值一次，而表达式 expr2 在每次循环开始前求值。如果表达式 expr2 的值为真,则执行循环语句,否则将终止循环,执行下面代码。表达式 expr3 在每次循环之后被求值。for 循环语句的流程控制示意如图 7 - 16 所示。

　　for 语句中 3 个表达式都可以为空,或者包括以逗号分隔的多个子表达式。在表达式 expr2 中,所有用逗号分隔的子表达式都会计算,但只取最后一个子表达式的值进行检测。expr2 为空,会默认其值为真,意味着将无限循环下去。除了 expr2 表达式结束循环外,也可以在循环语句中使用 break 语句结束循环。

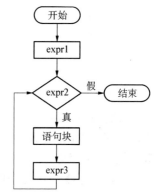

图 7 - 16　for 循环语句的流程图

　　【例 7 - 12】 使用嵌套循环求 1 到 100 之间的所有素数,页面显示效果如图 7 - 17 所示。

```
1.    for (var i = 2; i <100; i + +)
2.    {
3.        var b = true;
4.        for (var j = 2; j <i; j + +)
5.        {
6.            if (i % j = = 0)
7.                b = false;
8.        }
9.        if (b)
10.           document.write(i + " ");
11.   }
```

图 7 - 17　for 循环语句求 1 到 100 之间的素数

　　外层 for 循环遍历每个数字,在内层 for 循环中,使用当前数字 j 与其前面的数字 i 求余。如果有至少一个能够整除,则说明它不是素数;如果没有一个被整除,则说明它是素数,最后输出当前数字。

7.2.6　JavaScript 函数

　　JavaScript 中函数主要是指由事件驱动的或者当它被调用时执行的可重复使用的代码块。JavaScript 中函数分为自定义函数和系统函数,系统函数即 JavaScript 自带的函数,如 alert 函数。这里主要讲解一下自定义函数。

　　(1) 函数定义

　　JavaScript 函数像一般程序设计语言一样也是遵循先声明后使用的原则,函数名只能包含字母、数字、下划线或 $,且不能以数字开头。函数常见的声明方式如下:

```
1.    function functionName(parameters)
2.    {
3.        //执行代码
4.    }
```

可以在某事件发生时直接调用函数（比如当用户点击按钮时），并且可由 JavaScript 在任何位置进行调用。当调用该函数时，会执行函数内的代码。在调用函数时，可以向其传递值，这些值被称为参数（parameters）。这些参数可以在函数中使用，可以发送任意多的参数，参数间由逗号（,）分隔。

【例 7 - 13】 函数调用（带参数），页面显示效果如图 7 - 18 所示。

```
1.    <html>
2.        <head>
3.            <meta charset = "utf - 8">
4.            <title></title>
5.            <script type = "text /javascript">
6.                function myFunction(address, name)
7.                {
8.                    alert("这里是" + address + ", 欢迎您" + name);
9.                }
10.           </script>
11.       </head>
12.       <body>
13.           <button onclick = "myFunction('江苏','Jim')">点击查看</button>
14.       </body>
15.   </html>
```

图 7 - 18   for 函数调用（带参数）

（2）函数返回值

有时，我们会希望函数将值返回调用它的地方。通过使用 return 语句就可以实现。在使用 return 语句时，函数会停止执行，并返回指定的值。

【例 7 - 14】 函数调用（带返回值），页面显示效果如图 7 - 19 所示。代码如下：

```
1.    <html>
2.        <head>
3.            <meta charset = "utf - 8">
```

```
4.          <title></title>
5.          <script type="text/javascript">
6.              function myFunction(a, b)
7.              {
8.                  return a * b;
9.              }
10.             function btnClick()
11.             {
12.                 var x = myFunction(7, 8);
13.                 alert("x=" + x);
14.             }
15.         </script>
16.     </head>
17.     <body>
18.         <p>本例调用了一个执行计算的函数</p>
19.         <button onclick="btnClick()">点击查看</button>
20.     </body>
21. </html>
```

图 7-19 函数调用(带返回值)

　　JavaScript 的函数非常强大,除了上面所讲的内容还包括 JavaScript 函数的高级应用,闭包、类构造函数等高级方法,有兴趣的同学可以好好地拓展一下自己的能力。

7.3 JavaScript 事件分析

　　事件是一些可以通过脚本响应的页面动作。当用户按下鼠标键或者提交一个表单,甚至在页面上移动鼠标时,就会产生相应的事件。

7.3.1 JavaScript 事件类型

　　根据事件触发的来源及作用对象的不同,可把事件分为鼠标事件、键盘事件以及HTML 事件。一般情况下,事件处理函数名称由两个部分组成,on+事件名称。例如 click

事件,处理函数就是 onclick。

常用的事件类型、事件、事件处理函数如表 7 - 4 所示。

表 7 - 4 事件类型、事件、事件处理函数一览表

事件类型	事 件	事件处理函数	说 明
键盘事件	Keydown	onKeydown	某个键盘按键被按下执行 JS 代码
	Keypress	onKeypress	某个键盘按键被按下并松开执行 JS 代码
	Keyup	onKeyup	某个键盘按键被松开执行 JS 代码
鼠标事件	Click	onClick	当用户点击某个对象时执行 JS 代码
	Dblclick	onDblclick	当用户双击某个对象时执行 JS 代码
	Mousedown	onMousedown	鼠标按钮被按下执行 JS 代码
	Mousemove	onMousemove	鼠标被移动执行 JS 代码
	Mouseout	onMouseout	鼠标从某元素移开执行 JS 代码
	Mouseover	onMouseover	鼠标移到某元素之上执行 JS 代码
	Mouseup	onMouseup	鼠标按键被松开执行 JS 代码
表单控件事件	Change	onChange	该事件在表单元素的内容改变时触发执行 JS 代码
	Submit	onSubmit	表单提交时触发执行 JS 代码
	Reset	onReset	表单重置时触发执行 JS 代码
	Select	onSelect	用户选取文本时触发执行 JS 代码
	Blur	onBlur	当前对象元素失去焦点时触发执行 JS 代码
	Focus	onFocus	当某个对象元素获取焦点时触发执行 JS 代码
窗口事件	Load	onLoad	文档载入时执行 JS 代码
	Unload	onUnload	当文档被卸载时执行 JS 代码

7.3.2 JavaScript 事件处理方法

(1) HTML 事件处理程序

直接在 HTML 代码里添加事件处理方法,在 JavaScript 里面编写函数,实现其事件处理。其示例代码如下:

```
1.  <input value = "按钮" type = "button" onclick = "showText()">
2.  <script type = "text /javascript">
3.  function showText()
4.  {
5.      alert("HTML 添加事件处理");
6.  }
7.  < /script>
```

直接在 HTML 代码中添加事件处理程序,从上面的代码中可以看出,事件处理是直接嵌套在元素里头的,如果想要对事件处理,既需要修改 HTML 代码又要修改 JavaScript 代码,代码耦合度相对比较高。所以,这个方式并不推荐使用。下面看一下 DOM0 级的事件处理方式。

（2）DOM0 级事件处理程序

为指定的对象添加事件处理,其示例代码如下:

```
1.  <input id = "btn" value = "按钮" type = "button">
2.  <script type = "text/javascript">
3.      var btn = document.getElementById("btn");
4.      btn.onclick = function () {
5.          alert("DOM0 级添加事件处理");
6.      }
7.      //btn.onclick = null; //如果想要删除 btn 的点击事件,将其置为 null 即可
8.  </script>
```

从上面的代码中,我们能看出,相对于 HTML 事件处理程序,DOM0 级事件,HTML 代码和 JS 代码的耦合性已经大大降低。那么 DOM2 级的事件处理又是怎么做的呢?

（3）DOM2 级事件处理程序

DOM2 也是对特定的对象添加事件处理程序,但是它主要通过绑定事件监听和删除事件监听方法实现:addEventListener()和 removeEventListener()。它们都接收三个参数:要处理的事件名、作为事件处理程序的函数和一个布尔值。示例如下:

```
1.  <input id = "btn" value = "按钮" type = "button">
2.  <script>
3.      var btn = document.getElementById("btn");
4.      //绑定事件监听
5.      btn.addEventListener("click", showmsg, false);
6.      function showmsg()
7.      {
8.          alert("DOM2 级添加事件处理程序");
9.      }
10.     //删除事件监听
11.     btn.removeEventListener("click", showmsg, false);
12. </script>
```

这里可以看到,在添加删除事件处理的时候,最后一种方法更直接,也最简便。但是需要注意的是,在删除事件处理的时候,传入的参数一定要跟之前的参数一致,否则删除会失效。

7.4 JavaScript DOM 与 BOM

7.4.1 JavaScript DOM

文档对象模型 DOM(Document Object Model)定义访问和处理 HTML 文档的标准方法。DOM 是一套对文档进行抽象和概念化的方法。当网页被加载时,浏览器会创建页面的文档页面的文档对象模型,DOM 将 HTML 文档呈现为带有元素、属性和文本的树结构(节

点树,参考图 7 - 1)。

(1) DOM 节点类型

DOM 标准规定 HTML 文档中的每一个成分都是一个节点(node),DOM 节点类型可以分为文档节点、元素节点、文本节点以及属性节点四种常用的节点类型。

- 文档节点(document 对象):代表整个文档。
- 元素节点(element 对象):代表一个元素(标签),例如图 7 - 1 中的\<html>、\<meta>、\<body>、\<h1>、\<p>、\<li>等都是元素节点。
- 文本节点(text 对象):代表元素(标签)中的文本,例如"\<a href=" ♯ ">链接 1 \</a>中的"链接 1",\<li> ECMAScript \</li>"中的 ECMAScript 等。
- 属性节点(attribute 对象):代表属性,元素(标签)才有属性。例如"\<a href="http://www.baidu.com" title="BD">百度\</a>"中的"href="http://www.baidu.com"和 title="BD""就分别是两个属性节点。

(2) DOM 节点的常用属性和方法

对于每一个 DOM 节点,都有一系列的属性、方法可以使用,如表 7 - 5 所示。

表 7 - 5　DOM 节点的常用属性和方法

DOM 节点属性/方法	说　明
nodeName	返回节点的名称
nodeType	返回节点的类型
nodeValue	返回节点的值
childNodes	返回一个数组,这个数组由给定元素的子节点构成
firstChild	返回一个给定元素节点的第一个子节点
lastChild	返回一个给定元素节点的最后一个子节点
nextSibling	返回一个给定节点的下一个兄弟节点
parentNode	返回一个给定节点的父节点
previousSibling	返回一个给定节点的上一个兄弟节点
innerHTML	属性可以用来读、写某给定元素里的 HTML 内容
appendChild()	用于向 childNodes 列表的末尾添加一个节点,并且返回这个新增的节点
removeChild()	从 childNodes 中删除 node 节点
replaceChild()	接受两个参数,要插入的节点和要被替换的节点。被替换的节点将由这个方法返回并从文档中被移除,同时由要插入的节点占据其位置
insetBefore()	可以将节点插入到某个特定的位置。这个方法接受两个参数:要插入的节点和作为参照的节点。插入节点后,被插入的节点变成参照节点的前一个同胞节点,同时被方法返回
setAttribute()	添加一个新属性(attribute)到元素上,或改变元素上已经存在的属性的值
getAttribute()	该方法返回元素上指定属性(attribute)的值。如果指定的属性不存在,则返回 null 或空字符串
removeAttribute()	该方法用于移除元素的属性
hasAttribute()	返回一个布尔值,指示该元素是否包含有指定的属性(attribute)

（3）元素选择

在 HTML 中,可以通过 window 对象来获取文档对象(Document)。其获取文档对象的方法:window.document(或者 document 直接获取)。通多文档对象获取元素的选择如表7-6所示。

表 7 - 6　元素选择

JavaScript 对象方法	说　明
getElementById()	该方法根据标签的 ID 属性,选择相匹配的元素
getElementsByTagName()	该方法根据标签名,选择匹配标签名的所有元素
getElementsByName()	该方法根据 name 属性,返回所有拥有指定 name 属性的元素
getElementsByClassName()	该方法根据 class 属性,返回所有拥有指定 class 属性的元素

【例 7 - 15】 节点操作的综合实例,页面显示效果如图 7 - 20 所示。

```
1.   <html>
2.       <head>
3.           <meta charset = "utf - 8">
4.           <title> DOM 操作< /title>
5.           <style>
6.               body
7.               {
8.                   margin: 0px auto;
9.                   padding: 0px;
10.              }
11.              . model
12.              {
13.                  width: 200px;
14.                  background: ghostwhite;
15.                  border: 1px solid wheat;
16.                  margin: 10px;
17.                  min - height: 200px;
18.                  float: left;
19.              }
20.              . btn - new
21.              {
22.                  clear: both;
23.                  margin: 10px;
24.                  width: 450px;
25.              }
26.              . btn
27.              {
28.                  background: ♯F5DEB3;
29.                  width: 80px;
30.                  margin: 5px auto;
```

```
31.            }
32.        div p
33.        {
34.                text - align: center;
35.        }
36.        ul
37.        {
38.                list - style - type: none;
39.        }
40.        < /style>
41.    < /head>
42.    <body>
43.        <div id = "content">
44.            <div class = "model">
45.                <p id = "title">春晓< /p>
46.                <ul>
47.                    <li> 1.春眠不觉晓< /li>
48.                    <li> 2.处处闻啼鸟< /li>
49.                    <li> 3.夜来风雨声< /li>
50.                < /ul>
51.            < /div>
52.            <div class = "btn - new">
53.                <button id = "query" class = "btn">获取标题< /button>
54.                <button id = "insert" class = "btn">插入节点< /button>
55.                <button id = "replace" class = "btn">替换节点< /button>
56.                <button id = "remove" class = "btn">删除节点< /button>
57.                <button id = "copy" class = "btn">复制节点< /button>
58.            < /div>
59.        < /div>
60.    < /body>
61. < /html>
```

图 7 - 20　节点操作的综合实例

- 操作 1：获取标题，页面显示效果如图 7 - 21 所示。

```
1.    //获取标题
2.    var node = document.getElementById("query"); //通过 id 获取元素
3.    node.onclick = function()
4.    { //点击事件获取标题并通过对话框打印
5.        var content = document.getElementById("title").innerHTML //innerHTML 获取节点的
      内容
6.        alert(content);
7.    };
```

图 7 - 21　获取标题

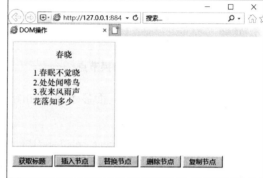

图 7 - 22　插入节点

- 操作 2：插入节点，页面显示效果如图 7 - 22 所示。

```
1.    //插入节点
2.    var node1 = document.getElementById("insert"); //通过 id 获取元素
3.    node1.onclick = function()
4.    {
5.        //创建节点元素
6.        var newNode1 = document.createElement("li");
7.        newNode1.textContent = "花落知多少"; //给新创建的 li 节点赋值
8.        //获取 ul,通过标签名
9.        var o_ul = document.getElementsByTagName("ul")
10.       o_ul[0].appendChild(newNode1);
11.   };
```

- 操作 3：替换节点，页面显示效果如图 7 - 23 所示。

```
1.    //替换节点
2.    var node2 = document.getElementById("replace"); //通过 id 获取元素
3.    node2.onclick = function()
4.    {
5.        //创建节点元素
6.        var newNode2 = document.createElement("li");
7.        newNode2.textContent = "4.花落知多少"; //给新创建的 li 节点赋值
8.        var o_ul = document.getElementsByTagName("ul")
```

```
9.        o_ul[0].replaceChild(newNode2, o_ul[0].lastChild)   //替换最后子节点
10.   };
```

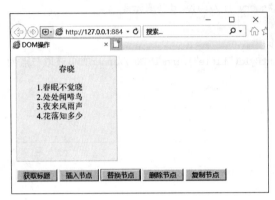

图 7 - 23   替换节点

图 7 - 24   删除节点

● 操作 4:删除节点,页面显示效果如图 7 - 24 所示。

```
1.    //删除节点
2.    var node3 = document.getElementById("remove"); //通过 id 获取元素
3.    node3.onclick = function()
4.    {
5.        var o_ul = document.getElementsByTagName("ul")
6.        if (o_ul[0].hasChildNodes)
7.        { //如果 o_ul 存在子节点
8.            o_ul[0].removeChild(o_ul[0].lastChild) //删除最后子节点
9.        }
10.   };
```

● 操作 5:复制节点,页面显示效果如图 7 - 25 所示。

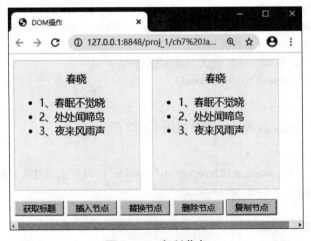

图 7 - 25   复制节点

```
1.    //复制节点
```

```
2.    var node4 = document.getElementById("copy"); //通过 id 获取元素
3.    node4.onclick = function()
4.    {
5.        var o_model = document.getElementsByClassName("model")
6.        var new_o_model = o_model[0].cloneNode()
7.        var o_content = document.getElementById("content")
8.        o_content.insertBefore(new_o_model, o_model[0])
9.    };
```

7.4.2 JavaScript BOM

JavacSript 是通过访问 BOM(Browser Object Model)对象来访问、控制、修改客户端(浏览器),由于 BOM 的 window 包含了 document,window 对象的属性和方法是直接可以使用而且被感知的,因此可以直接使用 window 对象的 document 属性,通过 document 属性就可以访问、检索、修改 XHTML 文档内容与结构。因为 document 对象又是 DOM(Document Object Model)模型的根节点。可以说,BOM 包含了 DOM(对象),浏览器提供出来给予访问的是 BOM 对象,从 BOM 对象再访问到 DOM 对象,从而 JavaScript 可以操作浏览器以及浏览器读取到的文档。其中 DOM 包含 window 对象和 window.document;window 对象包含属性 document、location、navigator、screen、history、frames;document 根节点包含子节点 forms、location、anchors、images、links。其中可以看出 document 节点是 window 对象的子对象。

（1）对话框

JavaScript 的对话框,常常调用 window 对象中 alert()、confirm()和 prompt()来获得。

● alert 对话框

alert 是对话框中最容易使用的一种,它可以用来简单而明了地将 alert()括号内的文本信息显示在对话框中,我们将它称为警示对话框,要显示的信息放置在括号内。示例代码如下,页面显示效果如图 7 - 26 所示。

图 7 - 26   alert 对话框

```
1.    <input id = "btn" value = "显示 alert" type = "button">
2.    <script>
3.        var btn = document.getElementById("btn");
4.        //绑定事件监听
5.        btn.addEventListener("click", showmsg, false);
6.        function showmsg()
7.        {
8.            alert("这是 alert 对话框");
9.        }
10.   </script>
```

● confirm 对话框

confirm 对话框与 alert 对话框的使用十分类似,不同点是在该种对话框上除了包含一个"确定"按钮外,还有一个"取消"按钮,这种对话框称为确认对话框。示例代码如下,页面显示效果如图 7 - 27 所示。

```
1.   <input id = "btn" value = "显示 confirm" type = "button">
2.   <script>
3.       var btn = document.getElementById("btn");
4.       //绑定事件监听
5.       btn.addEventListener("click", showmsg, false);
6.       function showmsg()
7.       {
8.           confirm("这是 confirm 对话框");
9.       }
10.  </script>
```

图 7 - 27　confirm 对话框

● prompt 输入框

alert 对话框和 confirm 对话框的使用十分类似,都是仅仅显示已有的信息,但用户不能输入自己的信息。prompt 可以做到这点,它不但可以显示信息,而且还提供了一个文本框要求用户使用键盘输入自己的信息,同时它还包含"确定"和"取消"两个按钮,如果用户单击"确定"按钮,则 prompt()方法返回用户在文本框中输入的内容;如果用户单击"取消"按钮,则 prompt()方法返回 null,我们称这种对话框为提示框。示例代码如下,页面显示效果如图 7 - 28 所示。

```
1.   <input id = "btn" value = "显示 prompt" type = "button">
2.   <script>
3.       var btn = document.getElementById("btn");
4.       //绑定事件监听
5.       btn.addEventListener("click", showmsg, false);
```

```
6.       function showmsg()
7.       {
8.           var name;
9.           name = prompt("请输入你的名字");
10.          alert("你输入的名字是:" + name);
11.      }
12.  < /script>
```

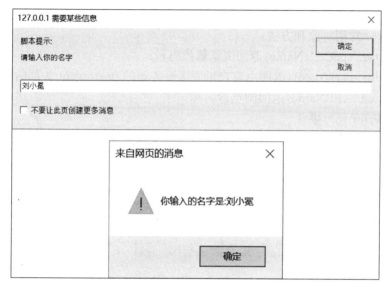

图 7‑28 prompt 对话框

（2）Window Screen

● Screen 对象包含有关客户端显示屏幕的信息。

● Screen 对象是 Window 对象的一部分,可通过 window. screen 属性对其访问。

● Screen 常用对象属性和方法:screen. availWidth——可用的屏幕宽度(不包括 Windows 任务栏);screen. availHeight——可用的屏幕高度(不包括 Windows 任务栏)。

（3）window History

● History 对象包含用户(在浏览器窗口中)访问过的 URL。

● History 对象是 Window 对象的一部分,可通过 window.history 属性对其访问。

● History 常用对象属性和方法:

∨ history. length:返回浏览器历史列表中的 URL 数量;

∨ history. back():加载 history 列表中的前一个 URL;

∨ history. forward():加载 history 列表中的下一个 URL;

∨ history. go():加载 history 列表中的某个具体页面。

（4）window Location

● Location 对象包含有关当前 URL 的信息,并把浏览器重定向到新的页面。

● Location 对象是 Window 对象的一个部分,可通过 window.location 属性来访问。

● Location 常用对象和方法:

∨ location.hostname:设置或返回 Web 主机的域名;

√ Location.href：设置或返回完整的 URL；

√ location.pathname：返回当前页面的路径和文件名；

√ location.port：返回 Web 主机的端口（80 或 443）；

√ location.protocol：返回所使用的 Web 协议（http 或 https）；

√ location.reload()：重新加载页面。

（5）window Navigator

● Navigator 包含有关浏览器访问者的信息。

● Navigator 对象是 Window 对象的一个部分，可通过 window.navigator 属性来访问。

● Navigator 常用对象和方法：

√ navigator.appCodeName：返回浏览器代码名；

√ navigator.userAgent：返回由客户机发送服务器的 user-agent 头部的值；

√ navigator.APPName：返回浏览器名称。

（6）JavaScript 计时事件

通过使用 JavaScript，我们有能力做到在一个设定的时间间隔之后来执行代码，而不是在函数被调用后立即执行。我们称之为计时事件。JavaScript 提供两种计时事件方法 setInterval() 和 setTimeout()。

● setInterval()

setInterval() 按间隔指定的毫秒数不停地执行指定的代码，语法如下：

```
window.setInterval("JavaScript function",milliseconds)
```

注意：第一个参数是函数，第二个参数表示间隔的时间，单位是毫秒。

● clearInterval()

clearInterval() 方法用于停止 setInterval() 方法执行的函数代码，语法如下：

```
window.clearInterval(intervalVariable)
```

注意：要停止的 setInterval 必须是全局变量。

【例 7-16】 添加停止按钮和运行按钮，获取系统当前时间，并每隔一秒显示在页面中，页面显示效果如图 7-29 所示。

```
1.    <html>
2.        <head>
3.            <meta charset = "utf-8" />
4.            <title></title>
5.        </head>
6.        <body>
7.            <p>当前时间:<span id = "now"></span></p>
8.            <button onclick = "myStopFunction()">停止</button>
9.            <button onclick = "myRunFunction()">运行</button>
10.           <script>
11.               var myVar = setInterval(function()
12.               {
13.                   myTimer()
```

```
14.            }, 1000);
15.
16.          function myTimer()
17.          {
18.              var d = new Date();
19.              var t = d.toLocaleTimeString();
20.              document.getElementById("now").innerHTML = t;
21.          }
22.
23.          function myStopFunction()
24.          {
25.              clearInterval(myVar);
26.          }
27.
28.          function myRunFunction()
29.          {
30.              setInterval(function()
31.              {
32.                  myTimer()
33.              }, 1000)
34.          }
35.      </script>
36.    </body>
37. </html>
```

图 7-29 计时事件的应用

● setTimeout ( )

setTimeout()方法在指定的毫秒数后执行指定代码,语法如下:

```
window.setTimeout("JavaScript function", milliseconds);
```

注意:第一个参数是函数,第二个参数是当前起多少毫秒后执行。

● clearTimeout ( )

clearTimeout()方法用于停止执行 setTimeout()方法的函数代码,语法如下:

```
window.clearTimeout(timeoutVariable);
```

注意:要停止的 setTimeout 必须是全局变量。

7.5 实例：生成日历

（1）案例分析

这是一个简单的日历显示，实现的功能：当前日期标红，通过方向按钮查看上一个月与下一个月的日期，如图 7-30 所示。本案例中主要讲解 JavaScript 的实现，前面的 HTML 以及 CSS 样式处理，作为大家的复习内容。

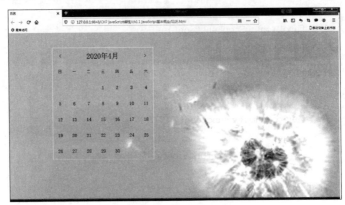

图 7-30　生成日历

（2）实现步骤

- 新建日历的 HTML 文件，并实现日历的内容填充；
- 设置日历的 CSS 样式，并实现样式布局；
- 设置详细的 JavaScript 处理，实现日历的功能。

（3）编写 JavaScript 代码

- 星期设置

```
1.    //设置每一月的天数,二月默认为 0,后面判断处理
2.    var monthDay = [31,0,31,30,31,30,31,31,30,31,30,31];
3.    /*判断某年某月某日是星期几,默认日为 1 号*/
4.    function whatDay(year, month, day = 1)
5.    {
6.        var sum = 0;
7.        sum += (year - 1) * 365 + Math.floor((year - 1)/4) - Math.floor((year - 1)/100) + Math.floor((year - 1)/400) + day;
8.        for(var i = 0; i < month - 1; i++)
9.        {
10.           sum += monthDay[i];
11.       }
12.       if(month > 2)
13.       {
14.           if(isLeap(year))
15.           {
16.               sum += 29;
```

> 根据是否闰年设置二月的天数.

```
17.              }
18.          else
19.          {
20.              sum  +  =  28;
21.          }
22.      }
23.      return sum % 7;        //余数为 0 代表那天是周日,为 1 代表是周一,以此类推
24.  }
```

● 闰年的判断

```
1.    /*判断某年是否是闰年*/
2.    function isLeap(year)
3.    {
4.        if((year % 4 = = 0 && year % 100! = 0) || year % 400 = = 0)
5.        {
6.            return true;
7.        }
8.        else
9.        {
10.           return false;
11.       }
12.   }
```

● 日历添加

```
1.    /*显示日历*/
2.    function showCld(year, month, firstDay)
3.    {
4.        var i;
5.        var tagClass = "";
6.        var nowDate = new Date();
7.        var days; //从数组里取出该月的天数
8.        if(month = = 2)
9.        {
10.           if(isLeap(year))
11.           {
12.               days = 29;
13.           }
14.           else
15.           {
16.               days = 28;
17.           }
18.       }
19.       else
20.       {
21.           days = monthDay[month - 1];
```

```
22.        }
23.        /* 当前显示月份添加至顶部 */
24.        var topdateHtml = year + "年" + month + "月";
25.        var topDate = document.getElementById('topDate');
26.        topDate.innerHTML = topdateHtml;
27.        /* 添加日期部分 */
28.        var tbodyHtml = '<tr>';
29.        for(i = 0; i < firstDay; i++)
30.        { //在 1 号前填充空白
31.            tbodyHtml += "<td></td>";
32.        }
33.        var changLine = firstDay;
34.        for(i = 1; i <= days; i++)
35.        { //每一个日期的填充
36.            if(year == nowDate.getFullYear() && month == nowDate.getMonth() + 1 &&
    i == nowDate.getDate())
37.            {
38.                tagClass = "curDate"; //当前日期对应位置
39.            }
40.            else
41.            {
42.                tagClass = "isDate"; //普通日期对应位置,设置 class 便于与空白区分
43.            }
44.            tbodyHtml += "<td class=" + tagClass + ">" + i + "</td>";
45.            changLine = (changLine + 1) % 7;
46.            if(changLine == 0 && i != days)
47.            { //是否换行填充的判断
48.                tbodyHtml += "</tr><tr>";
49.            }
50.        }
51.        if(changLine != 0)
52.        { //添加结束,对该行剩余位置的空白填充
53.            for (i = changLine; i < 7; i++)
54.            {
55.                tbodyHtml += "<td></td>";
56.            }
57.        }
58.        tbodyHtml += "</tr>";
59.        var tbody = document.getElementById('tbody');
60.        tbody.innerHTML = tbodyHtml;
61.  }
62.  var curDate = new Date();   //新建日期对象
63.  var curYear = curDate.getFullYear();   //获取当前日期的年份
64.  var curMonth = curDate.getMonth() + 1;   //获取当前日期的月份
65.  showCld(curYear, curMonth, whatDay(curYear, curMonth));   //
```

● 下一个月按钮实现

```
1.    function nextMonth()
2.    {
3.          var topStr = document.getElementById("topDate").innerHTML;
4.          var pattern = /\d+/g;
5.          var listTemp = topStr.match(pattern);
6.          var year = Number(listTemp[0]);
7.          var month = Number(listTemp[1]);
8.          var nextMonth = month+1;
9.          if(nextMonth> 12)
10.         {
11.              nextMonth = 1;
12.              year++;
13.         }
14.         document.getElementById('topDate').innerHTML = '';
15.         showCld(year, nextMonth, whatDay(year, nextMonth));
16.    }
17.    //绑定下一个月的点击事件
18.    document.getElementById('right').onclick = function()
19.    {
20.        nextMonth();
21.    }
```

● 上个月按钮实现

```
1.    function preMonth()
2.    {
3.          var topStr = document.getElementById("topDate").innerHTML;
4.          var pattern = /\d+/g;
5.          var listTemp = topStr.match(pattern);
6.          var year = Number(listTemp[0]);
7.          var month = Number(listTemp[1]);
8.          var preMonth = month-1;
9.          if(preMonth <1)
10.         {
11.              preMonth = 12;
12.              year--;
13.         }
14.         document.getElementById('topDate').innerHTML = '';
15.         showCld(year, preMonth, whatDay(year, preMonth));
16.    }
17.    //绑定上一个月的点击事件
18.    document.getElementById('left').onclick = function()
19.    {
20.        preMonth();
21.    }
```

7.6 本章小结

  本章首先重点介绍 JavaScript 的基本概念,包括 JavaScript 变量、数据类型,运算符、表达式、JavaScript 的程序控制、函数等;然后分析 JavaScript 时间处理机制,包括 JavaScript 常用的事件类型以及 3 种事件处理方法;接着分析了 JavaScript 的核心对象 DOM 和 BOM;最后通过综合实例运用本章所学的内容进行实战。

  本章节知识点如图 7 - 31 所示。

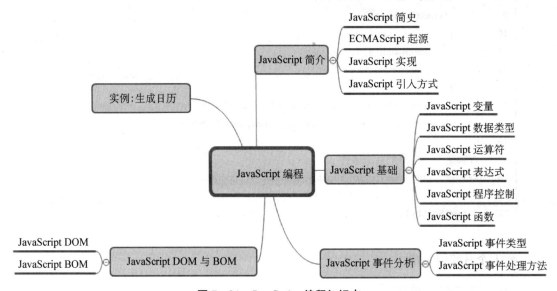

图 7 - 31　JavaScript 编程知识点

7.7 拓展训练

(1) JavaScript 中声明变量时不用声明变量类型,全部使用(　　)关键字。

    A. var　　　　　　　　B. dim　　　　　　　C. define　　　　　　D. key

(2) JavaScript 中不是引用数据类型的是(　　)。

    A. 对象(Object)　　　　　　　　　　B. Boolean

    C. 数组(Array)　　　　　　　　　　D. 函数(Function)

(3) 鼠标事件中,移到某元素之上执行的事件是(　　)。

    A. onMouseover　　　　　　　　　　B. onMouseout

    C. onMousemove　　　　　　　　　　D. onMouseup

(4) DOM2 中删除事件监听方法的是(　　)。

    A. deleteEventListener　　　　　　　B. removeEventListener

    C. delete　　　　　　　　　　　　　　D. remove

(5) DOM 节点类型不包括(　　)。

    A. 文档节点　　　　B. 元素节点　　　　C. 子节点　　　　D. 属性节点

(6) DOM 中返回一个给定节点的下一个兄弟节点的属性是（　　　）。

    A. previousSibling   B. nextnode

    C. nextSibling   D. previousnode

(7) DOM 中用于向 childNodes 列表的末尾添加一个节点，并且返回这个新增的节点的方法是（　　　）。

    A. addChild()   B. replaceChild()

    C. insertChild   D. appendChild()

(8) 元素选择中根据标签的 ID 属性，选择相匹配的元素的方法是（　　　）。

    A. getElementsByTagName()   B. getElementById()

    C. getElementsByName()   D. getElementsByClassName()

(9) JavacSript 是通过访问（　　　）对象来访问、控制、修改客户端（浏览器）的。

    A. DOM   B. BOM   C. Window   D. document

(10) JavacSript 中用于间隔指定的毫秒数不停地执行指定的代码的方法是（　　　）。

    A. clearTimeout()   B. setTimeout()

    C. clearInterval()   D. setInterval()

【微信扫码】

本章参考答案 & 相关资源

第八章

Web 前端数据交互

8.1 ▶ Ajax 技术

传统的网页如果需要更新内容，就需要重载整个网页页面，其实现浏览器请求数据过程如图 8 - 1 所示。

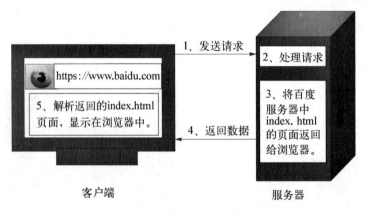

图 8 - 1 浏览器请求数据过程

其步骤如下：
- 在浏览器输入 URL 地址，按下回车键，发送请求到服务器；
- 服务器接收请求，并根据请求内容进行处理；
- 服务器处理完成后，返回数据到浏览器；
- 浏览器解析服务器返回结果，并将结果显示。

Ajax 是一种新的应用交互模型，Ajax 全称"Asynchronous JavaScript And XML"，并不是一种新技术，是由 JavaScript、xml、XMLHttpRequest 组合在一起、能实现异步提交的功能，是一种创建交互式网页应用的网页开发技术。

（1）Ajax 的特点：
- Ajax 等于异步 JavaScript 和 XML（标准通用标记语言的子集）。
- Ajax 是一种用于创建快速动态网页的技术。

- Ajax 是一种在无需重新加载整个网页的情况下,能够更新部分网页的技术。

(2)Ajax 使用的技术

- Ajax 使用 CSS 和 XHTML 来表示。
- Ajax 使用 DOM 模型来交互和动态显示。
- Ajax 使用 XMLHttpRequest 来和服务器进行异步通信。
- Ajax 使用 JavaScript 来绑定和调用。

(3)Ajax 工作原理

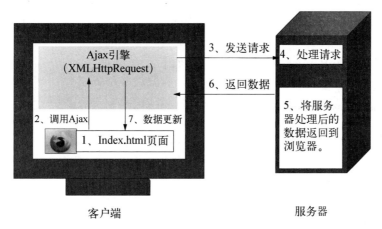

图 8‐2 Ajax 的工作原理

Ajax 相当于在用户和服务器之间加了一个中间层(Ajax 引擎),使用户操作与服务器响应异步化。并不是所有的用户请求都提交给服务器。像一些数据验证和数据处理等都交给 Ajax 引擎自己来做,只有确定需要从服务器读取新数据时再由 Ajax 引擎代为向服务器提交请求,如图 8‐2 所示。

(4)XMLHttpRequest 对象

XMLHttpRequest 是 Ajax 的核心机制,Ajax 的原理简单来说通过 XmlHttpRequest 对象来向服务器发异步请求,从服务器获得数据,然后用 JavaScript 来操作 DOM 而更新页面。这其中最关键的一步就是从服务器获得请求数据。XMLHttpRequest 常用方法如表 8‐1所示,常用属性如表 8‐2 所示。

表 8‐1 XMLHttpRequest 常用方法

方 法	描 述
open()	初始化 HTTP 请求参数,例如 URL 和 HTTP 方法,但是并不发送请求
send()	发送 HTTP 请求,使用传递给 open() 方法的参数,以及传递给该方法的可选请求体
abort()	取消当前响应,关闭连接并且结束任何未决的网络活动
getAllResponseHeaders()	把 HTTP 响应头部作为未解析的字符串返回
getResponseHeader()	返回指定的 HTTP 响应头部的值
setRequestHeader()	向一个打开但未发送的请求设置或添加一个 HTTP 请求

表 8 - 2　XMLHttpRequest 常用属性

属　性	描　述
onreadystatechange	每次状态改变所触发事件的事件处理程序
responseText	从服务器进程返回数据的字符串形式
responseXML	从服务器进程返回的 DOM 兼容的文档数据对象
status	从服务器返回的数字代码,比如常见的 404(未找到)和 200(已就绪)
statusTex	伴随状态码的字符串信息
readyState	对象状态值

（5）Ajax 实现步骤

● 创建 XMLHttpRequest 对象，示例代码如下：

```
1.  var xmlhttp;
2.  if (window.XMLHttpRequest)
3.  {
4.     // IE7 + , Firefox, Chrome, Opera, Safari 浏览器执行代码
5.     xmlhttp = new XMLHttpRequest();
6.  }
7.  else
8.  {
9.     //IE6, IE5 浏览器执行代码
10.    xmlhttp = new ActiveXObject("Microsoft.XMLHTTP");
11. }
```

创建 XMLHttpRequest 对象主要使用第 5 行代码，即"new XMLHttpRequest()"，本例代码主要是为了兼容 IE5、IE6 的浏览器。

● 向服务器发送请求，示例代码如下：

```
1.  var url = ttp: //localhost:8000 /getAjax"
2.  xmlhttp.open("GET",url,true);
3.  xmlhttp.send();
```

open(method,url,async)方法，3 个参数的含义分别规定请求类型，url 以及是否异步处理请求。method——请求类型，分为 GET 和 POST；url——文件在服务器的位置；async——是异步(true)或同步(false)。send(string)方法将请求发送到服务器,其参数仅用于 POST 的请求,GET 请求 send()不需要带参数。

● 服务器响应

使用 XMLHttpRequest 对象的 responseText 或 responseXML 属性可以获取服务器的返回数据。其中 responseText 属性获得字符串形式的响应数据,responseXML 属性获得 XML 形式的响应数据。示例代码如下：

```
1.  document.getElementById("test").innerHTML = xmlhttp.responseText;
2.  xml_response = xmlhttp.responseXML;
3.  txt = "";
4.  x = xml_response.getElementsByTagName("ARTIST");
5.  for (i = 0;i < x.length;i + + )
```

```
6.    {
7.        txt = txt + x[i].childNodes[0].nodeValue + "<br>";
8.    }
9.    document.getElementById("test").innerHTML = txt;
```

代码中第 1 行代码通过 responseText 属性获取服务器返回的数据,并赋值为 id＝test 的元素,第 2 - 9 行通过 responseXML 属性获取返回的 xml 文件,并实现解析赋值给 id＝ test 的元素。

● XMLHttpRequest readyState 状态

当请求被发送到服务器时,我们需要执行一些基于响应的任务。每当 readyState 改变时,就会触发 onreadystatechange 事件。readyState 属性存有 XMLHttpRequest 的状态,从 0 到 4 变化,分别代表 XMLHttpRequest 状态的改变。其中 0 表示请求未初始化,1 表示服务器连接已建立,2 表示请求已接收,3 表示请求处理中,4 表示请求已完成,且响应已就绪。

因此一次 Ajax 调用过程中,onreadystatechange 事件被触发 4 次(0—4),分别是:0—1、1—2、2—3、3—4,对应着 readyState 的每个变化。示例代码如下:

```
1.    xmlhttp.onreadystatechange = function()
2.    {
3.        if (xmlhttp.readyState = = 4 && xmlhttp.status = = 200)
4.        {
5.            document.getElementById("myDiv").innerHTML = xmlhttp.responseText;
6.        }
7.    }
```

代码中第 1 行监听 onreadystatechange 事件,第 3 行判断 readyState 是否等于 4 并且状态 status 等于 200 时,即 Ajax 请求服务器成功,并且服务器正常返回数据;第 5 行通过 JavaScript 操作 DOM 加载 Ajax 返回的数据。

8.2　API 接口

8.2.1　API 接口介绍

API 是应用程序接口,是一些预先定义的函数,目的是提供应用程序与开发人员基于某软件或硬件得以访问一组例程的能力,而又无需访问源码,或理解内部工作机制的细节。

形象的比喻就是模块接口。比如:电灯是一个模块,电流是一个模块,想要电灯亮起来,就需要连接电流和电灯,而电灯和电流之间需要一个接口,把电灯插到插座,通上电就可以实现电灯与电流的连接。这里的插座就是 API 接口的概念。在 Web 前端数据交互中,尤其是通过 Ajax 动态添加数据的过程,我们需要服务器的数据并加载到相应的网页中,Ajax 调用 API 接口,就可以获取服务器的数据。

8.2.2　API 数据格式

API 提供的数据,目前使用比较多的格式是 JSON(JavaScript Object Notation)格式。JSON 是一种轻量级的数据交换格式,具有良好的可读和便于快速编写的特性,可在不同平台之间进行数据交换。JSON 采用兼容性很高的、完全独立于语言文本格式,同时也具备类似于 C 语言的习惯(包括 C, C++, C#, Java, JavaScript, Perl, Python 等)体系的行为。这些特性使 JSON 成为理想的数据交换语言。

很多新的 API 采用 JSON 格式,因为它是由流行的 JavaScript 编程语言创建的,在 Web上非常普遍,Web 应用的前端和后端以及 Web 服务都可以使用。JSON 是一种非常简单的格式,包括两部分:key 和 value。key 代表被描述的对象的某种属性。然而每个对象都有属性,这些属性对应着相应的值(value)。

其语法是 JavaScript 对象表示语法子集。

- 数据在键值对中;
- 数据由逗号分隔;
- 花括号保存对象;
- 方括号保存数组;

key 是一个字符串关键字,用来唯一标识一个属性,例如"name"、"address"、"time"等等。value 是关键字的值,它可以由以下几种数据构成:

- String:字符串
- number:数字
- object:对象(key:value)
- array:数组
- true:√
- false:×
- null:空

JSON 特点:

- 数据格式比较简单,易于读写,格式都是压缩的,占用带宽小。
- 易于解析,客户端 JavaScript 可以简单地通过 eval()进行 JSON 数据的读取。
- 支持多种语言,包括 ActionScript, C, C#, ColdFusion, Java, JavaScript, Perl, PHP, Python, Ruby 等服务器端语言,便于服务器端的解析。
- 在 PHP 世界,已经有 PHP-JSON 和 JSON-PHP 出现了,偏于 PHP 序列化后的程序直接调用,PHP 服务器端的对象、数组等能直接生成 JSON 格式,便于客户端的访问提取。
- 因为 JSON 格式能直接为服务器端代码使用,大大简化了服务器端和客户端的代码开发量,且完成任务不变,并且易于维护。

【例 8-1】 订单 JSON 数据,代码如下所示。

```
1.  {
2.     "crust": "original",
3.     "toppings": ["cheese", "pepperoni", "garlic"],
4.     "status": "cooking",
5.     "customer": {
6.         "name": "Brian",
7.         "phone": "111-111-1111"
8.     }
9.  }
```

在上面 JSON 的例子中,key 是左面的单词:crust,toppings 和 status。它们告诉我们订单包含哪些属性。value 是右边部分,这些是订单的实际细节。而在第二行中,一个以方括号开始和结尾的值是一个值的列表。在第五行中加入了对象作为 key 的 value,增加了一个新的 key——"customer"。这个 key 的值是另一个 key 和 value 的集合,这个集合提供了下订单的顾客的详情。

【例 8-2】 城市 JSON 数据格式,代码如下所示。

```
1.   var country =
2.     {
3.         name: "中国",
4.         provinces: [
5.             {name: "江苏", cities: {city: ["南京", "苏州"]}},
6.             {name: "广东", cities: {city: ["广州", "深圳", "珠海"]}},
7.             {name: "台湾", cities: {city: ["台北", "高雄"]}},
8.             {name: "新疆", cities: {city: ["乌鲁木齐"]}}
9.         ]
10.    }
```

JSON 像一个数据块,所以通过 JSON 的索引方式来获取其中的值,比如:country.provinces[0].name 就能够读取江苏这个值。

8.2.3　Web 前端调用 API 接口的常用方式

在上一小节中,我们了解了 API 接口的数据格式,那么接下来我们需要了解如何调用 API 接口,并使用 JavaScript Ajax 的方式实现 Api 接口的调用。代码如下所示。

```
1.   var xhr;
2.   var str = "name = admin&passwd = 123456"
3.   //以兼容的方式创建 XMLHttpRequest 对象
4.   if (window.XMLHttpRequest) {
5.     xhr = new XMLHttpRequest();
6.   } else if (window.ActiveXObject) {
7.     try {
8.       xhr = new ActiveXObject('Msxml2.XMLHTTP');
9.     } catch (e) {
10.      try {
11.        xhr = new ActiveXObject('Microsoft.XMLHTTP');
12.      } catch (e) {}
13.    }
14.  }
15.  //调用 API 接口
16.  if (xhr) {
17.    xhr.onreadystatechange = onReadyStateChange;
18.    xhr.open('POST', '/api', true);
19.    xhr.setRequestHeader('Content - Type', 'application /x - www - form - urlencoded');
20.    xhr.send(str);
```

```
21.    }
22.    function onReadyStateChange() {
23.        //该函数会被调用四次
24.        console.log(xhr.readyState);
25.        if (xhr.readyState = = = 4) {
26.            //调用完成,返回数据
27.            if (xhr.status = = = 200) {
28.                console.log(xhr.responseText);
29.            } else {
30.                console.log('调用 APi 失败!');
31.            }
32.        } else {
33.            console.log('still not ready...');
34.        }
```

基于 JavaScript 调用 API 接口的方式,上一节已经讲述过 Ajax 的实现过程,此处结合代码简单地分析一下,第 4—14 行代码创建 XMLHttpRequest 对象;第 16—21 行向 API 所在的服务器发送请求;第 22—33 行代码等待 onreadystatechange 事件触发,当 readyState 等于 4 且状态为 200 时,API 接口调用成功。

8.3   实例:获取天气预报 API 接口数据

(1) 案例分析

本实例中采用的是天气预报接口,对返回的数据进行分析并显示在 Web 前端页面。页面效果如图 8-3 所示。

图 8-3   实时获取天气

(2) 实现步骤
● 新建天气预报前端显示 HTML 页面内容;

- 创建前端页面的 CSS 样式；
- Ajax 调用天气预报接口。

(3) 案例实现过程

- HTML 页面内容

```
1.    <body background = "img /weather. jpg">
2.        <div class = "title">
3.            <input id = "city" placeholder = "请输入城市名称(不要带市和区)" style =
      "width: 300px;" />
4.            <button type = "submit" onclick = "search()">获取天气信息</button><br />
5.        </div>
6.
7.        <div class = "box">
8.                <h3>实时天气信息</h3>
9.                <img src = "" id = "img" />
10.               <ul>
11.                   <li><a id = "tem"></a></li>
12.                   <li><a id = "weather"></a></li>
13.                   <li><a id = "wea"></a><br /></li>
14.                   <li><a id = "localcity"></a></li>
15.                   <li><a id = "date"></a></li>
16.               </ul>
17.       </div>
18.   </body>
```

本代码中主要通过两个 div 模块来呈现 web 页面内容，其中第 2 - 5 行 div 设置文本输入框，通过点击事件获取输入框内容，并结合后面的 Ajax 调用 API 接口；第 7 - 17 行 div 用来展示 API 接口返回的数据。

- CSS 样式布局

```
1.    <style>
2.            body{
3.                background: #d8defd;
4.            }
5.            .title{
6.                 margin: 50px auto;
7.                 text - align: center;
8.            }
9.            .box{
10.               margin: 50px auto;
11.               border: 1px solid #426e91;
12.               width: 360px;
13.               background: #f9f9f9;
14.               display: none;
15.            }
```

```
16.              .box h3{
17.                  text-align: center;
18.              }
19.              .box img{
20.                  display:block;
21.                  width: 90%;
22.                  border: 1px solid wheat;
23.                  margin:0px auto;
24.              }
25.              .box:hover{
26.                   border:1px solid white;
27.              }
28.    </style>
```

上述代码的样式属性均为常见的样式,如有同学不太清楚某些属性的含义,请复习前面 CSS 相关的章节。CSS 的样式布局如图 8-4 所示。

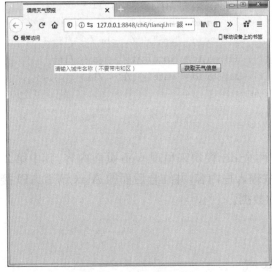

图 8-4 CSS 样式布局

● Ajax 调用 API 接口,并显示数据

```
1.    <script>
2.      function search(){
3.        //获取 HTML 页面中输入框中的城市名称
4.        var city = document.getElementById("city").value;
5.        //步骤一:创建异步对象
6.        var xhr = new XMLHttpRequest();
7.        //步骤二:设置请求的 url 参数
8.    xhr.open('get','https://tianqiapi.com/api?version=v61&appid=11989195&appsecret=
       GK1gYjGq&city='+city);
9.        //步骤三:注册事件 onreadystatechange 状态改变就会调用
10.       xhr.onreadystatechange = function () {
```

```
11.        if (xhr. readyState = = 4 && xhr. status = = 200) {
12.            //如果请求成功会执行
13.            var res = eval('(' + xhr. responseText + ')');
14.            //将获取到的 json 格式的字符串转换为 json 对象
15.            //alert(res);
16.        document. getElementById("tem"). innerHTML = "当前气温:" + res. tem + "℃ ";
17.            document. getElementById ( "weather"). innerHTML = "今日气温:" + res.
    tem2 + "~" + res. tem1 + "℃ ";
18.            document. getElementById("wea"). innerHTML = "当前天气:" + res. wea;
19.            document. getElementById("localcity"). innerHTML = "当前城市:" + res. city;
20.            document. getElementById("date"). innerHTML = "当前日期:" + res. week + res.
    date;
21.            document. getElementById("img"). src = "image /" + res. wea_img + ". jpg";
22.            document. getElementById("box"). style. display = "block";
23.        }
24.    }
25.    //步骤四:发送请求
26.    xhr. send();
27.  }
</script>
```

以上代码为通过 Ajax 调用天气预报 API,调用成功之后所执行的功能,获取到的数据,是一个 object 对象,通过将对象转换成 JSON 格式,可以在前端查看到所调用到的数据。同时,通过获取到的 object 对象 res,我们可以获取到 res 中的相应的值,以此来赋值给前端中相应的标签中的值。API 接口返回的 JSON 数据格式如下所示:第 12—22 行,基于 JSON 的数据格式,通过 JavaScript 操作 DOM,完成页面数据加载,需要说明的是代码第 11 行,API 接口返回 wea_img 的数据是字符串,图片想要显示的话,需要自行设计。

当输入北京时,API 接口返回的 JSON 数据格式如图 8-5 所示。

```
1.  {
2.      "cityid":"101010100",
3.      "date":"2020 - 04 - 19",
4.      "week":"星期日",
5.      "update_time":"2020 - 04 - 19 11:33:33",
6.      "city":"北京",
7.      "cityEn":"beijing",
8.      "country":"中国",
9.      "countryEn":"China",
10.     "wea":"多云",
11.     "wea_img":"yun",
12.     "tem":"19",
13.     "tem1":"23",
14.     "tem2":"10",
15.     "win":"西南风",
16.     "win_speed":"3 级",
```

```
17.        "win_meter":"小于12km/h",
18.        "humidity":"39%",
19.        "visibility":"16.72km",
20.        "pressure":"1007",
21.        "air":"74",
22.        "air_pm25":"54",
23.        "air_level":"良",
24.        "air_tips":"空气好,可以外出活动,除极少数对污染物特别敏感的人群以外,对公众没
      有危害!",
25.        "alarm":{
26.            "alarm_type":"",
27.            "alarm_level":"",
28.            "alarm_content":""
29.        },
30.        "aqi":{
31.            "air":"74",
32.            "air_level":"良",
33.            "air_tips":"空气好,可以外出活动,除极少数对污染物特别敏感的人群以外,对公
      众没有危害!",
34.            "pm25":"54",
35.            "pm25_desc":"良",
36.            "pm10":"61",
37.            "pm10_desc":"良",
38.            "o3":"92",
39.            "o3_desc":"优",
40.            "no2":"26",
41.            "no2_desc":"优",
42.            "so2":"2",
43.            "so2_desc":"优",
44.            "kouzhao":"无需戴口罩",
45.            "waichu":"适宜外出",
46.            "kaichuang":"适宜开窗",
47.            "jinghuaqi":"关闭净化器",
48.            "cityid":"101010100",
49.            "city":"北京",
50.            "cityEn":"beijing",
51.            "country":"中国",
52.            "countryEn":"China"
53.        }
54.    }
```

以上代码为前端 HTML 中的语言,与 Ajax 中的功能和返回数据相互对应,可以将 Ajax 中获取到的数据传入到相应的标签中,再对前端页面做相应的调整。

以上为调用天气预报接口实现的效果图,通过城市的选择来获取当前城市的天气状况。通过对输入的城市名进行获取并且在 JavaScript 代码中进行获取值复制给 url 中的 city,进行接口测试。

图 8-5　北京天气预报实现效果

8.4 ▶ 本章小结

　　本章节主要是让初学者对 API 接口有一个初步的学习和认识,了解 API 的含义、API 的数据格式以及如何调用 API 接口等,对 API 接口的应用有一定的认识和运用。就目前来说,通过本章的学习,大家会对目前开放的一些接口进行测试并且获取数据,同时也是为了让大家对 JavaScript Ajax 里面的一些方法的学习和运用。在以后的开发过程中,会涉及为了实现功能而编写接口,进而进行调用。因此,学习好接口的调用对后期的接口设计有很大的帮助。

　　本章节知识点如图 8-6 所示。

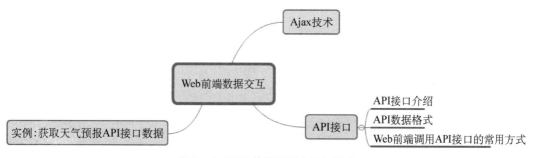

图 8-6　Web 前端数据交互知识点

8.5 ▶ 拓展训练

　　自主设计实现:Web 前端通过输入城市,实时获取城市未来 5 天的天气情况,并展示在网页中。设计要求如下:

（1）设计未来 5 天天气的展示效果,参照图 8-7,城市选择和提交按钮位置自行设计；

（2）实现基于效果展示的 HTML 页面以及 CSS 布局；

（3）通过 JavaScript Ajax 或者 jQuery Ajax 的方式调用 API 接口,API 接口以课本上使用的 API 或其他的天气 API 均可；

（4）通过 JavaScript 将 API 返回的数据动态地添加到页面中。

图 8-7　获取城市未来 5 天的天气情况

第九章

项目实战

9.1 什么是网格布局

9.1.1 CSS 排版概述

CSS 的排版是一种很新的排版理念,完全有别于传统的排版习惯。

它将页面首先在整体上进行<div>标记的分块,然后对各个块进行 CSS 定位,最后再在各个块中添加相应的内容。

对于企业型网站,搭建网格可以先把整个页面的结构画好,再做细节的处理。也可以分模块进行制作。

9.1.2 网格布局的优势

网格布局思想,它具有如下优点:

(1)使用基于网格的设计可以使大量页面保持很好的一致性,这样无论是在一个页面内,还是在网站的多个页面之间,都可以具有统一的视觉风格,这是很重要的。

(2)均匀的网格以大多数人认为合理的比例将网页划分为一定数目的等宽列,这样在设计中产生了很好的均衡感。

(3)使用网格可以帮助设计把标题、标志、内容和导航目录等各种元素合理地分配到适当的区域。

(4)在网格的基础上,通过跨越多列等手段,可以创建出各种变化的方式,这种方式既保持了页面的一致性,又具有风格的变化。

(5)网格可大大提高整个页面的可读性。

9.2 案例展示

本案例是一个宣传类网站,网站主要由首页、五个子栏目、新闻列表页及内容详情页组成。案例效果如图 9-1 所示。

图 9-1 案例效果展示图

9.3 案例分析

本章节主要为大家介绍本网站主页的布局,首页的设计简洁大方,结构清晰非常适合网页布局。可以将首页划分为主要的四大模块,分别是头部(包含 logo 和导航)、广告模块(banner)、主体内容(container)模块和底部模块(footer),其中主体内容模块又分为几个子模块,如新闻动态、新闻资讯等。本案例首页的网格结构如图 9-2、图 9-3、图9-4、图 9-5 所示。

在制作时,我们根据网页的网格结构分别实现每个模块的制作,然后再对每个模块的内容进行细节的修饰。另外,在制作过程中应在不同浏览器上进行测试,保证浏览器的兼容性。

图 9-2　首页效果图

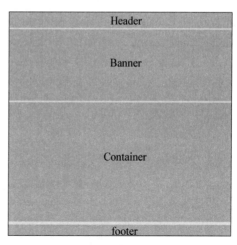

图 9-3　布局页面 1

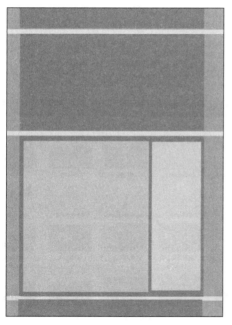

图 9-4　布局页面 2

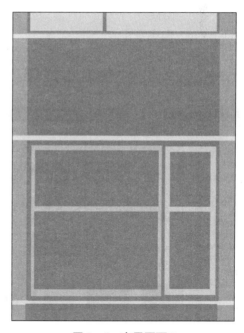

图 9-5　布局页面 3

9.4 ▶ 准备与规划

9.4.1　建立站点文件和网页切片

（1）新建站点（CharmingChina），分别设置 CSS 和 images 子目录，如图 9-6 所示。

（2）新建 html 文件存放到站点中，因为本页面为网站首页，我们可以使用 index.html 命名，作为索引文件，如图 9-6 所示。

（3）在 CSS 栏目中新建 CSS 文件，用于重置样式和其他子页面共用的样式表 common.css，用于首页的样式表 style.css，如图 9-6 所示。

（4）编辑 index.html 文件，引入 common.css 文件和 style.css，设置网页标题为网站名称。

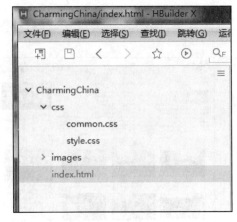

图 9-6　项目结构

```
1.    <!DOCTYPE html>
2.    <html>
3.        <head>
4.            <meta charset = "utf - 8">
5.            <title>魅力中国</title>
6.            <link rel = "stylesheet" type =
"text /css" href = "css /common. css">
7.            <link rel = "stylesheet" type =
"text /css" href = "css /style. css">
8.        </head>
9.        <body>
10.        </body>
11.    </html>
```

（5）对我们的网站首页切片，并将图片存储到站点 images 目录中，如图 9-7 所示。

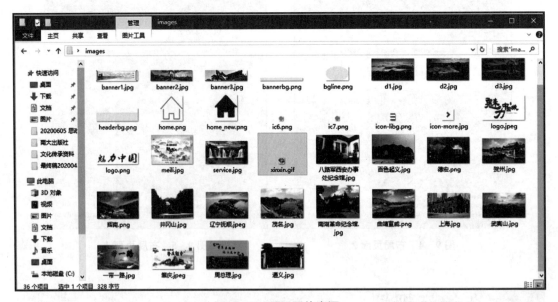

图 9-7　项目图片资源

9.4.2　CSS 样式重置

在 html 当中，每个标签本身会具有一些默认的样式，如超链接标签的文字样式、大多数块元素的边距、标题标签的字号大小等。这些默认的样式，不同浏览器可能会有不同的显示结果。

为了解决不同浏览器对标签默认样式显示差异的问题,我们需要对默认的 HTML 边距进行样式的重置,是用 CSS 去掉标签的默认样式。

HTML 当中,有大部分块元素具有边距,有些是外边距,有些是内边距。如段落标签段落标记,如图 9 - 8 所示。

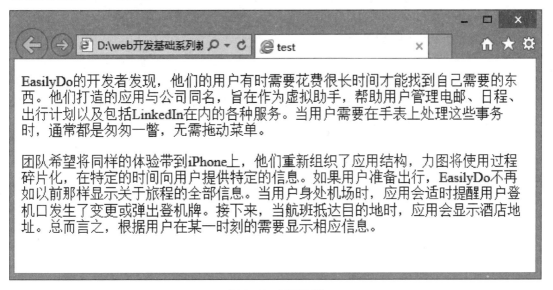

图 9 - 8　页面实现

这两段文本,默认显示有段落间距,如图 9 - 9 所示。

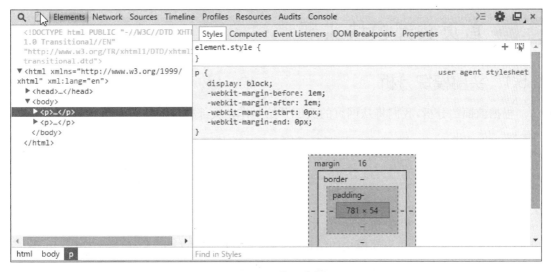

图 9 - 9　代码分析

通过 Chrome 浏览器的"审查元素"功能可以很清楚地看到,段落标签框模型中有 16 像素的外边距。通过在 CSS 中设置 p{margin:0;}可以轻松地重置所有段落的 margin 值。类似段落这样默认有边距样式的标签还有 body,h1 至 h6,ul 等。

为了能把所有边距样式重置,可以这样设置:

```
1.    *{margin:0; padding:0;}
```

我们不建议这样做,星号"＊"会将所有的标签都遍历一遍,大型项目耗费的资源可想而知。最合理的方案应该是把页面上用到的标签列出来,这样就不会拖累其他标签了。我们可以这样设置:

```
1.    body,p,div,h1,h2,h3,h4,ul,ol,li,dt,dl,dd
2.    {
3.        margin:0; padding:0;
4.    }
```

这里列出来页面中将要用到的标签,如果我们在开发时用到了其他标签,可以再进行追加。除了内外边距还有其他一些样式也需要重置,下面我们列出的就是本案例中所有需要重置的代码,这些代码将写到 common.css 中:

```
1.    body
2.    {
3.        font-family:'微软雅黑' arial;   /＊设置页面文字字体样式＊/
4.        font-size:12px; /＊设置页面文字字号样式＊/
5.        color:#777; /＊设置默认的文本颜色样式＊/
6.    }
7.    ul{list-style:none;} /＊设置无序列表样式为无＊/
8.    a{text-decoration:none; color:#777;}   /＊初始化超链接样式＊/
```

一个网站开始制作之前的规划是非常重要的,尤其样式的重置,是在制作网页之前必须做的重要一步。

9.5 ▶ 首页头部模块实现

9.5.1 头部模块分析

根据前面的分析,我们将从网页的头部开始制作。头部模块的效果如图 9-10 所示。

图 9-10 首页头部效果

如上图所示,头部模块包含一个大的外框用于设置头部的背景,内框用于放置标志(logo)和网站的导航栏。头部模块的结构图如图 9-11 所示。

图 9-11 头部结构设计图

根据结构图,我们可以开始代码的编写,由于头部和底部的样式应为共用的样式,因此这两部分的样式应写入 common.css 中。

9.5.2 头部模块实现步骤

具体的实现步骤如下：

（1）在 index.html 的 body 标签中，插入外框 div，设置 id 为 #headerWrapper，利用 CSS 设置外框的背景样式和高度。

HTML 代码如下：

```
1.    <body>
2.        <div id = "headerWrapper" >
3.        </div>
4.    </body>
```

CSS 代码如下：

```
1.    #headerWrapper
2.    {
3.        background:url(.. /images /headerbg. jpg) repeat - x;
4.        height:98px;
5.    }
```

效果如图 9 - 12 所示。

图 9 - 12　效果展示

（2）插入内框 div，给此内框设置一个共用的 class 类，设置页面宽度，设置此内框在页面中居中显示，设置 overflow 属性，防止浮动的子元素带来那些不必要的麻烦。

HTML 代码如下：

```
1.    <div id = "headerWrapper" >
2.        <div class = "row">
3.        </div>
4.    </div>
```

CSS 代码如下：

```
1.    .row {
```

```
2.          margin:0 auto;    //居中效果
3.          width:1120px;
4.          overflow:hidden;}
```

提示:.row 可以作为共用的类,当页面需要设置宽度 1120px 和居中时使用。

(3) 在内框中插入两个 div,设置他们各自的尺寸,使用 float 浮动定位两个 div 左右显示。HTML 代码如下:

```
1.    <div id = "headerWrapper">
2.        <div class = "row">
3.            <div class = "logo">
4.            </div>
5.            <div class = "nav">
6.            </div>
7.        </div>
8.    </div>
```

页面中有多个 div 嵌套时,注意代码的缩进。

CSS 代码如下:

```
1.    .logo,.nav{float:left;}
2.    .logo{width:30 % ;}    //预设 logo 图的宽度
3.    .logo img{width: 170px;}
4.    .nav{width:70 % ;}
```

插入 logo 和右侧的内容,我们把常用的链接放到一个段落标签中,导航使用列表标记,导航中的文件需要添加链接。HTML 代码如下:

```
1.      <div id = "headerWrapper">
2.          <div class = "row">
3.              <div class = "logo">
4.                  <img src = ". /images /logo. jpeg" alt = "logo"  />
5.              </div>
6.              <div class = "nav">
7.                  <p><a href = " # ">登录</a>|<a href = " # ">注册</a></p>
8.                  <ul>
9.                      <li><a href = " # "  class = "icon - home">首页</a></li>
10.                     <li><a href = " # " class = "current">关于我们</a></li>
11.                     <li><a href = " # " class = "current">新闻资讯</a></li>
12.                     <li><a href = " # " class = "current">名城一栏</a></li>
13.                     <li><a href = " # " class = "current">服务大厅</a></li>
14.                     <li><a href = " # " class = "current">联系我们</a></li>
15.                  </ul>
16.              </div>
17.          </div>
18.      </div>
```

效果如图 9 - 13 所示。

图 9‑13　效果展示

（4）设置段落的高度及内间距，文本内容右对齐，并调整登录和注册两个链接之间的距离。
CSS 代码如下：

```
1.   .nav{width:70%;}
2.   .nav p{text-align:right; padding-top:10px; padding-right:10px; height:26px; color:#676767;}
3.   .nav p a{margin:0 10px; color:#676767;}
```

效果如图 9‑14 所示。

图 9‑14　效果展示

（5）设置导航条的样式，所有的 li 需要左浮动，设置每个 li 的宽度及文本样式。
CSS 代码如下：

```
1.   .nav ul{overflow:hidden; margin-top:2px;}
2.   .nav li{float:left; width:16%; text-align:center; line-height:48px; height:48px;}
3.   .nav li a{font-size:14px; color:#525252; display:block;}
```

效果如图 9‑15 所示。

图 9‑15　效果展示

（6）导航栏中，首页不需要显示文本，而是图标代替，所以首页的样式应该单独设置，此处的设计思路是给导航中的第一个 li 中的 a 设置图标作为背景图片，并使文字隐藏起来。

HTML 代码如下：

```
1.    <div class = "nav">
2.        <p><a href = "#">登录</a>|<a href = "#">注册</a></p>
3.            <ul>
4.                <li><a href = "#"  class = "icon－home">首页</a></li>
5.                <li><a href = "#" class = "current">关于我们</a></li>
6.                <li><a href = "#" class = "current">新闻资讯</a></li>
7.                <li><a href = "#" class = "current">名城一栏</a></li>
8.                <li><a href = "#" class = "current">服务大厅</a></li>
9.                <li><a href = "#" class = "current">联系我们</a></li>
10.            </ul>
11.    </div>
```

CSS 代码如下：

```
1.    .nav li a.icon－home
2.    {
3.        background:url(../images/home.png) no－repeat center;
4.        height:100%;
5.        width:100%;
6.        text－indent:－9999em;
7.    }
```

另 text-indent 的值为－9999em 可以将文本隐藏到页面的视图之外。最后，我们设置好当前选中导航列表的样式，和鼠标经过时显示的样式。CSS 代码如下：

```
1.    .nav li a:hover,.nav li.current a
2.    {
3.        background:url(../images/bgline.png) repeat－x bottom; color:#0b8dd8;
4.    }
```

最终头部设置的效果如图 9－16 所示。

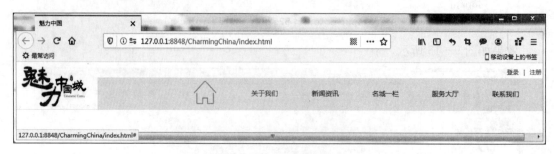

图 9－16　效果展示

9.6 首页主体模块实现

9.6.1 主体模块分析

主体模块的效果图如图 9 – 17 所示。

首页主体内容放置网站各个子栏目展示信息的模块,相当于是信息的入口,一般由多个小模块组成。从制作上来讲,这部分的布局也是最为复杂的部分,我们需要先设置主体的整体背景后,再逐个布局每个小模块。此模块的样式依然需要写到 style.css 样式表中。

图 9 – 17 主体效果展示

9.6.2 主体模块实现步骤

1. 设置主体模块背景制作

插入外框 div,设置 id♯contentWrapper,设置它的灰色背景样式,插入一个内框 div,可以给这个 div 添加.row 这个类使网页的宽度和头部模块的保持一致。还需多设置一个私有的类,用于设置白色背景和边框样式,注意调整主体模块与广告模块的间距。

HTML 代码如下:

```
1.    <div id = "contentWrapper">
2.        <div class = "row content">
```

```
3.        </div>
4.    </div>
```

CSS 代码如下：

```
1.    #contentWrapper
2.    {
3.        background:#f6f6f6;
4.        margin-top:60px;
5.        padding:5px;
6.    }
7.    .content
8.    {
9.        border:1px solid #e4e4e4;background:#fff; margin-top:2px;
10.   }
```

2. 主体第一行布局步骤

主体的第一行分三个模块，分别是新闻动态、新闻资讯和服务大厅（侧栏）。因此我们需要在此设置一行三列的网格布局，其中第一列占宽度 35%，第二列占宽度 40%，最后一列占 25%，如图 9-18 所示。

图 9-18　主体第一行效果图

（1）设置一行三列的布局
HTML 代码如下：

```
1.    <div class="row-1">
2.        <div class="col-1">
3.        </div>
4.        <div class="col-2">
5.        </div>
6.        <div class="col-3">
7.        </div>
8.    </div>
```

CSS 代码如下：

```
1.    .row-1{overflow:hidden;} /* 解决浮动问题 */
2.    .col-1,.col-2,.col-3{float:left;}
```

```
3.    .col - 1{width:35 % ;}
4.    .col - 2{width:40 % ;}
5.    .col - 3{width:25 % ;}
```

（2）接下来布局第一列"新闻动态"子模块，整个模块再放到一个 div 中，此模块需要用到栏目标题，使用 h2 标签。图文可以使用 dl，图片放到 dt 中，文本放到 dd 中，下面的列表使用 ul，如图 9 - 19、图 9 - 20 所示。

图 9 - 19　第一列效果图

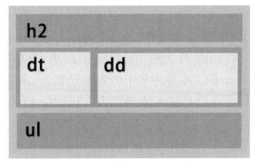

图 9 - 20　第一列设计结构

HTML 代码如下：

```
1.    <div class = "col - 1">
2.        <div class = "dynamic">
3.            <h2 class = "md - title"><a href = " # ">更多</a>新闻动态 <span> /Dynamic
    </span></h2>
4.            <dl class = "d - list">
5.                <dt>
6.                    <img src = " images /一带一路. jpg" />
7.                </dt>
8.                <dd>
9.                    <h4>一带一路</h4>
10.                   <p>"一带一路"(The Belt and Road,缩写 B&R)是"丝绸之路经济带"和"21 世
    纪海上丝绸之路"的简称...</p>
11.                   <a href = " # " class = "btn - more"> more </a>
12.               </dd>
13.           </dl>
14.           <ul class = "u - list">
15.               <li><span> 2019 - 02 - 13 </span><a href = " # ">甘肃:冰雪、...</a></li>
16.               <li><span> 2019 - 02 - 08 </span><a href = " # ">春节,有一...</a></li>
17.               ......
18.           </ul>
19.       </div>
20.   </div>
```

（3）搭好模块的结构后，下面设置模块的样式，首先设置边距，内容与边缘留出一定的空白，具体值可以使用 ps 选区工具测量。设置 padding 值，并设置整个模块文本的行高。

CSS 代码如下：

```
1.  .dynamic
2.  {
3.      padding:10px 10px 20px 20px;
4.      line-height:1.8em;
5.  }
```

（4）设置模块的标题 h2 的样式，给 h2 标签设置个类.md-title，在 CSS 中设置标题的表框、内间距和外边距。设置超链接（更多）右浮动、设置文字大小和间距及背景图标。然后设置 span 的文本颜色和字体大小。由于 a 标签需要向右浮动，而其他元素原位置摆放，因此我们可以把 a 放到"新闻动态"的前面。CSS 代码如下：

```
1.  .md-title
2.  {
3.  border-bottom:1px solid #e2e2e2;
4.  padding-bottom:10px;
5.  padding-top:4px;
6.  margin-bottom:10px;
7.  }
8.  .md-title a
9.  {
10. float:right;
11. font-size:12px;
12. color:#b4b4b4;
13. margin-top:8px;
14. background:url(../images/icon-more.jpg) no-repeat right center; padding-right:14px;
15. }
16. .md-title span{font-size:12px; color:#b4b4b4;}
```

（5）继续设置 dl 列表的样式，同样的我们给 dl 也设置一个类，来控制它的样式，另 dt 和 dd 浮动，并设置好标题、正文及按钮样式。CSS 代码如下：

```
1.  .d-list{overflow:hidden;  margin-bottom:10px;}
2.  .d-list dt{float:left;}
3.  .d-list dt img{width: 130px;}
4.  .d-list dd{float:right; width:60%;}
5.  .d-list dd p{height:42px;   }
6.  .d-list dd h4{color:#0c8dd4; font-weight:bold; font-size:14px;}
7.  .btn-more
```

```
8.   {
9.      display:block;
10.     background:url(.. /images /more.png);
11.     width:40px;
12.     height:16px;
13.     text - indent: - 99999px;
14.  }
```

这里需要注意的是,dd 浮动后需要设置宽度,否则会浮动不上去。

（6）最后设置无序列表的样式,添加类.u-list,给每个 li 设置一个自定义的图标项目符号,这里的 span 标签需要设置右浮动,a 不用浮动,那么 span 需要放前面（类似标题）。CSS 代码如下：

```
1.   .u - list li
2.   {
3.      background:url(.. /images /xinxin.gif) no - repeat left center;
4.      padding - left:20px;
5.   }
```

效果如图 9‑21 所示。

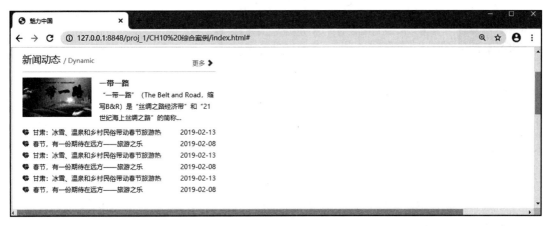

图 9‑21　第一列效果图

（7）下面布局第二列"新闻资讯"子模块,这个模块就比较简单了,我们发现这个模块的标题样式和列表样式与第一列的样式相同,因此我们只需布局好内容结构,设置 div 的间距,然后引用定义好的标题和 u-list 无序列表样式即可,如图 9‑22所示。

HTML 代码如下：

```
1.   <div class = "col - 2">
2.      <div class = "news">
```

图 9‑22　第二列效果图

```
3.      <h2 class = "md-title"><a href = "#">更多</a>新闻资讯 <span> /News </span>
     </h2>
4.      <ul class = "u-list">
5.        <li><span> 2020-01-23 </span><a href = "#">【网罗资讯】 抗击新...</a>
     </li>
6.        <li><span> 2020-04-14 </span><a href = "#">【网罗资讯】 玉树灾...</a>
     </li>
7.        ……
8.      </ul>
9.    </div>
10.  </div>
```

CSS 代码如下：

```
1.   .news{padding:10px 10px 20px 20px;line-height:1.8em;}
```

效果如图 9-23 所示。

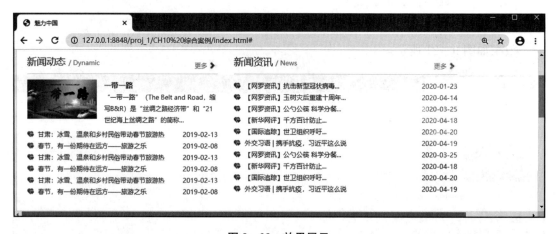

图 9-23　效果展示

（8）最后一列"服务大厅"的布局，在第三列 col-3 中插入图片和列表，设置相应的 CSS 样式，如图 9-24 所示。

HTML 代码如下：

```
1.   <div class = "col-3">
2.     <div class = "business">
3.       <img src = "images /service.jpg" />
4.       <ul>
5.         <li><a href = "#">历史名城</a></li>
6.         <li><a href = "#">文化古迹</a></li>
7.         <li><a href = "#">山水风景</a></li>
8.         <li><a href = "#">特色风景</a></li>
9.       </ul>
```

图 9-24　第三列效果展示

```
10.          </div>
11.    </div>
```

CSS 代码如下：

```
1.     /* 第三列 */
2.     .business
3.     {
4.         padding:20px 10px 20px 10px;
5.     }
6.     .business img
7.     {
8.         width: 264px;
9.     }
10.    .business ul
11.    {
12.        padding:10px;
13.        overflow:hidden;
14.    }
15.    .business li
16.    {
17.        float:left;
18.        height:24px;
19.        line-height:24px;
20.        background:url(../images/icon-libg2.jpg) no-repeat left center; padding-left:12px;
21.        width:44%; /* 每个 li 宽度占总宽的 44% */
22.    }
```

效果如图 9-25 所示。

图 9-25　主体第一行成型效果图

3. 主体第二行布局步骤

主体的第二行分左右两个模块，分别是项目展示和公司简介。因此我们需要在此设置一行两列的网格布局,其中左列的宽度是第一行中前两列的总和,即 75％,右列宽度占 25％。如图 9 - 26 所示。

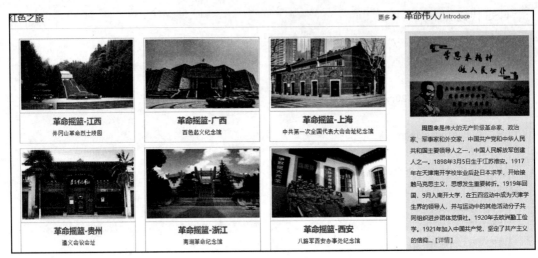

图 9 - 26　主体第二行效果图

(1) 下面我们来布局第二行的网格结构,由于这里的右列和上一行的相同,此处无需重新定义类。HTML 代码如下:

```
1.    <div class = "row - 2">
2.        <div class = "col - 4">
3.        </div>
4.        <div class = "col - 3">
5.        </div>
6.    </div>
```

CSS 代码如下:

```
1.    .row - 2{overflow:hidden;} /* 解决浮动问题 * /
2.    .col - 4{float:left;width:75％;}
```

设置左列"名城展示"模块的样式,图文列表我们使用 ul 来布局。HTML 代码如下:

```
1.    <div class = "col - 4">
2.        <div class = "product">
3.            <h2 class = "md - title"><a href = " ＃ ">更多</a>红色之旅<span> /City </span></h2>
4.            <ul>
5.                <li>
6.                    <img src = "images /井冈山.jpg" />
7.                    <h4>革命摇篮 - 江西</h4>
8.                    <p>井冈山革命烈士陵园　<a href = " ＃ "></a></p>
9.                </li>
10.               <li>
11.                   <img src = "images /百色起义.jpg" />
```

```
12.                      <h4>革命摇篮－广西</h4>
13.                      <p>百色起义纪念馆<a href = "＃"></a></p>
14.                  </li>
15.                  ……
16.              </ul>
17.          </div>
18.      </div>
```

CSS 代码如下：

```
1.   .product{padding:10px 10px 20px 15px;}
2.   .product ul{padding－top:10px;overflow:hidden;}
3.   .product li
4.   {
5.       width:240px;
6.       border:1px solid ＃d1d1d1;
7.       float:left;
8.       margin－left:20px;
9.       margin－bottom:10px;
10.  }
11.  .product li img
12.  {
13.      margin: 3px auto 3px 3px;
14.      width: 236px;
15.      height: 140px;
16.  }
17.  .product li h4
18.  {
19.      text－align:center;
20.      border－top:1px solid ＃d1d1d1;
21.      font－weight:bold;
22.      font－size:16px;
23.      padding－top:6px;
24.      color: ＃0c8dd4;
25.  }
26.  .product li p
27.  {
28.      text－align:center;
29.      padding:5px 5px 10px;
30.      font－family:宋体;
31.      line－height:1.5em;
32.  }
```

这里更多的是对细节上的修饰，如图片的大小、图片标题文本样式、段落文本的样式等。
效果如图 9－27 所示。

图 9-27 效果展示

（2）设置右列"革命伟人"模块的样式，这部分比较简单，主要是设置段落文本的样式。
HTML 代码如下：

```
1.    <div class = "col-3">
2.        <div class = "introduce">
3.            <h2 class = "md-title">革命伟人<span>/Introduce</span></h2>
4.            <p>
5.                <img src = "images/周总理.jpg" />
6.                <span>周恩来</span>是伟大的无产阶级革命家、政治家、军事家和外交家,中
国共产党和中华人民共和国主要领导人之一,中国人民解放军创建人之一。1898 年 3 月 5 日
生于江苏淮安。1917 年在天津南开学校毕业后赴日本求学,开始接触马克思主义,思想发生
重要转折。1919 年回国,9 月入南开大学,在五四运动中成为天津学生界的领导人,并与运动
中的其他活动分子共同组织进步团体觉悟社。1920 年去欧洲勤工俭学。1921 年加入中国共
产党,坚定了共产主义的信仰...<a href = "#">【详情】</a>
7.            </p>
8.        </div>
9.    </div>
```

CSS 代码如下：

```
1.    /* 2 */
2.    .introduce{padding:10px 10px 20px 0px;}
3.    .introduce p
4.    {
5.        line-height:1.9em;
6.        margin-top:10px;
7.        background-color:#f6f6f6;
8.        padding:10px;
```

```
9.    }
10.   .introduce p img{margin-bottom:5px;width: 250px;}
11.   .introduce p span{font-weight:bold;padding-left:2em;}
12.   .introduce p a{color:#93bed5;}
```

效果如图 9 - 28 所示。

图 9 - 28　主体第二行成型效果图

第二行也制作完成，至此我们完成了整个主体部分的布局。

9.7　首页底部模块实现

底部模块的效果图如图 9 - 29 所示。

Copyright 2019-2020 ©web前端开发—魅力中国 All Rights Reserved

图 9 - 29　底部模块效果图

底部的布局比较简单，需要注意的是底部模块是独立于主体内容以外的，所以不要写到主体 div 中，需要写到共用样式表 common.css 中。

HTML 代码如下：

```
1.    <div class = "footer">
2.        Copyright 2019 - 2020 ⓒ web 前端开发--- 魅力中国  All Rights Reserved
3.    </div>
```

CSS 代码如下：

```
1.    /* 页面底部 */
2.    .footer
3.    {
4.        background:#343434;
5.        height:40px;
```

```
6.      text-align:center;
7.      color:#999;
8.      padding-top:10px;
9.  }
```

效果如图 9 - 30 所示。

图 9 - 30　底部成型图

9.8　本章小结

　　本章介绍了什么是网格布局、为什么要使用网格布局及网格布局应用实例。通过案例制作的过程我们可以做出以下总结：

　　为了更好地管理网站的文件，可以建立站点；网页设计稿上那些不能用 CSS 直接实现的效果，你需要切图，切片时注意输出时格式的设置；设置样式的重置是制作网页的第一步，重置了那些边距、文字大小等样式，你会轻松很多；网格布局应先画行再画列；制作时从整体到局部逐步细化；遵循普通文档流的排列方式，从上到下，从左到右排列网格；不要忘记给浮动的元素的父元素设置 overflow:hidden。

　　本章节知识点如图 9 - 31 所示：

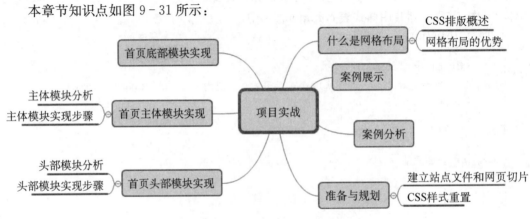

图 9 - 31　项目实战知识点

9.9 ▶ 拓展训练

（1）完成本项目案例中"关于我们"部分项目开发；
（2）完成本项目案例中"新闻资讯"部分项目开发；
（3）完成本项目案例中"名城一栏"部分项目开发；
（4）完成本项目案例中"服务大厅"部分项目开发；
（5）完成本项目案例中"联系我们"部分项目开发。

【微信扫码】
本章参考答案 & 相关资源

参考文献

[1] 王留洋,王媛媛.Web 开发技术[M].南京:南京大学出版社,2014.

[2] 储久良.Web 前端开发技术—HTML5、CSS3、JavaScript[M].3 版.北京:清华大学出版社,2018.

[3] 聂常红.Web 前端开发技术—HTML、CSS、JavaScript[M].2 版.北京:人民邮电出版社,2016.

[4] 韩杰.网页设计与制作[M].西安:西安电子科技大学出版社,2010.

[5] 杨雪雁.电子商务概论[M].北京:北京大学出版社,2010.

[6] 黄玉春.CSS+DIV 网页布局技术教材[M].北京:清华大学出版社,2012.

[7] 林珑.HTML5 移动 Web 开发实战详解[M].北京:清华大学出版社,2014.

[8] 郭小成.HTML5+CSS3 技术应用完美解析[M].北京:中国铁道出版社,2013.

[9] 严月浩.基于.net 平台的 Web 开发[M].北京:北京大学出版社,2011.

[10] 孟庆昌,王津涛.HTML5、CSS3、JavaScript 开发手册[M].北京:机械工业出版社,2013.

[11] 唐四薪.基于 Web 标准的网页设计与制作[M].北京:清华大学出版社,2011.

[12] 孙鑫,付永杰.HTML5、CSS3 和 JavaScript 开发[M].北京:电子工业出版社,2012.